# プロジェクトの概念

## プロジェクトマネジメントの知恵に学ぶ

第2版

日本プロジェクトマネジメント協会　編
神沼靖子　監修

近代科学社

## 登録商標・商標表示について

「IPMA」「ICB」は、International Project Management Association の登録商標です。
「P2M」「PMA」「PMR」「PMS」「PMC」は、特定非営利活動法人 日本プロジェクトマネジメント協会(PMAJ)の登録商標です。
「PMI」「PMP」「PMBOK」 は、Project Management Institute, Inc. の登録商標です。
「PRINCE2」は、英国 AXELOS Limited の登録商標です。
その他本書に記載されている会社名、製品名などは、それぞれ各社の商標、登録商品、商品名です。なお、本文中では TM マーク、® マークは省略しております。

# 改訂にあたって

本書はプロジェクトをいかに進めるかに注目するのではなく、プロジェクトとは何かに関する本質を理解し、実務に応用する知識とスキルを身につけてもらうことを目指して、概念的に展開している。2013年1月に本書初版を出版してから5年の歳月が過ぎた。この間、プロジェクトマネジメントの背景や産業界や教育界の環境には少しずつ変化が現われている。たとえば、プロジェクトマネジメントに関するルールの改訂、情報社会の環境に大きな変化を及ぼす情報技術やネットワーク環境にもさまざまな変化が現われている。

一方で、いろいろな授業で本書を教科書または参考書として利用していただいている教師や受講者たちから貴重なコメントや要望もいただいた。初版の編集委員および改訂版の編集委員たちは、よい指導書を作成して教師たちを支援することに力を注いできた。たとえば、使いやすさのための改善、読者は必要とする内容の補足などについて、継続的に検討してきた。このような活動の中で、利用者向けのデジタル情報を提供することで教師や学生たちを効果的に支援するための工夫についていくつかの試みも行っている。たとえば、デジタル教科書の発刊というアイデアも含まれている。

このような状況を反映して、現状に合わせた改訂をする必要があると判断したのである。改訂版においてもプロジェクトマネジメントに対する基本的な考え方や構成に関する認識は変わっていない。改訂版でも人間の情報行動に注目しながら問題状況を広くまた多面的に捉えて、初版の思いを継承する。

初版のまえがきは、「本書は、現実のプロジェクトに関わったことのない初心者がプロジェクトに関する基礎的な知識を理解することを目指している。この書は、文系と理工系を問わず全ての学生に理解して欲しい基礎的な概念について述べた入門書である。同時にプロジェクトマネジメントを学ぶスタートラインでもある。」という言葉で始まっている（詳しくは初版の「まえがき」と「監修者の言葉」を参照されたい）。

そして本書は、大学生・大学院生、初心者から少し経験がある受講生などを対象として幅広く活用されている。そこで、改訂版に向けて新たに編成された4人の編集委員が約1年かけて、内容全体を俯瞰的に再確認し、さらに内容が妥当であるか、誤解を与える表現はないかなどに関しても詳細に吟味を繰り返した。その際、このテキストを教科書として利用されている先生方や受講生から寄せられた質問などを取り上げ、教えやすさ、学びやすさ、理解しやすさという観点にも気配りして可能な限り反映した。

なお「プロジェクトの概念」を講義し理解するために、Webサイト（http://www.pmaj.or.jp/pbl/）を開設している。日本プロジェクトマネジメント協会（PMAJ）で順次加筆を進めるので、利活用をお願いします。

なお、Webサイトで、ⓒPMAJと記載ある情報は、著作権をPMAJで管理していることを示している。

その結果、内容の補足修正や文章表現の見直しのみでなく、全体の構成にも手を加えることになった。初版から第2版に向けた主な変化は次の3点である。

⑴ 初版15章の多面的な改変：実践的な「プロジェクトマネジメントのプロセス」に注目した内容とした。
⑵ 初版15章の各節を2版の他の章に振り分け：「初版15.2節を2版14.4節へ、初版15.4節を2版11.4節へ」移動し、初版の15.1節と15.3節の内容を2版の各章に反映した。
⑶ P2M（標準ガイドブック）改訂3版の反映：該当する図表の差し替えや、章・節のタイトルの変更で対応した。

改定に関わったメンバーの情報は以下のとおりである。

本書は4人の執筆者の手による。その担当部分は次のとおりである（五十音順）。
酒森　潔（東京都立産業技術大学院大学名誉教授）：1章、2章、3章、4章、8章
中村太一（国立情報学研究所特任教授 工博）：5章、12章、13章、15章
三浦　進（日本プロジェクトマネジメント協会 理事）：10章、11章、14章
宮本文宏（日本ユニシス（株））：6章、7章、9章

第2版の編集委員は次の4人である（五十音順）。

神沼靖子（情報処理学会フェロー、元前橋工科大学教授、博士（学術））：監修を兼ねる
古園　豊（日本プロジェクトマネジメント協会 理事）
三浦　進（日本プロジェクトマネジメント協会 理事）
光藤昭男（日本プロジェクトマネジメント協会 顧問）

## 改訂にあたって

本書の改訂にあたっては、近代科学社の小山透さん、および石井沙知さんの辛抱強い支えがあったことを付記して、感謝の意を表する。

2018 年 6 月
神沼靖子ほか著者一同

# 監修者の言葉

プロジェクトマネジメントに関する手法や技法が世に出てまだ50年ほどしか経っていないが、それらはコンピュータやデータ通信など、情報に関係する科学技術の急速な進化の恩恵を受けて飛躍的に流通・発展し、ものづくりに関わる人たちの活動に広く貢献している。一方で、プロジェクトのマネジメントは人類が集団活動を開始したときから始まっているという見方がある。それは、エジプトのピラミッドの建設をはじめ、世界中の大規模建設では、プロジェクトマネジメントなくしては完成できなかったであろうという観点からである。

本書の計画は、数年前に持ち上がっていた。それは、情報システム教育とプロジェクトマネジメント教育の関わりに注目した議論から始まったが、自然科学とは様相を異にする情報学や工学のみならず、社会学や人文科学などを含む人間の科学にまで広がっていった。そして、いずれの対象にも人間自身が含まれることから、多面的な側面から広く捉える必要性があると考えられるようになった。

このような背景から、プロジェクトマネジメントの教育は技術系や情報系を専攻している学生を対象とするだけではなく、他分野の学生たちにも広く「プロジェクトに関わるとはどういうことなのか」を理解してもらい、プロジェクトからの恩恵を平等に享受する機会が得られることが必要であろうとの考えに至った。こうした観点からプロジェクトマネジメントの中核となるプロジェクトの概念を捉えたのが本書である。その上で、著者らの考え方や書き方を大切にしている。

他方で、プロジェクトマネジメントについてはさまざまな組織で議論が続けられているが、書物では技術的な観点や経営的な観点で書かれたものがほとんどである。常識や能力をいかに効率よく容易に取得できるかを重視してきたからであろう。しかし、現在のところ学問的知識や定説は確立されていない。そこで、表面的ではないかとの懸念を払拭するためにも、経験的知識と知恵から生まれた手法のみならず、時代に左右されないプロジェクトマネジメントの概念を確立することが必要であろう。

本書が契機となって多くの経験者による継続的な議論へとつながることになれば、監修者の最も喜びとするところである。

2013年1月
神沼靖子

# まえがき

本書は、現実のプロジェクトに関わったことのない初心者がプロジェクトに関する基礎的な知識を理解することを目指している。この書は、文系と理工系を問わず全ての学生に理解して欲しい基礎的な概念について述べた入門書である。同時にプロジェクトマネジメントを学ぶスタートラインでもある。

はじめに、授業を受ける前の事前学習を勧めたい。それは、たとえば「なぜプロジェクトという概念が必要なのか？」、「そもそもプロジェクトとは何なのか？」、「プロジェクトの管理はどうして必要になったのか？」などの疑問に対して、プロジェクトマネジャーたちがどう理解しているのかを聞くことからはじめるとよい。

あるいは、身近な活動に目を向けながら、それがプロジェクトとどのような関係があるのか、あるいは関係がないのかについて、議論してみるのもよい。議論には周りの人たちを呼び込もう。参加者はそれぞれの切り口で、プロジェクトとは何かをイメージするであろう。こうしてそれぞれの思いを語り合うことによって、プロジェクトという概念を理解することの難しさについて知ることができるであろう。

この段階で、議論の結果を１つにまとめる必要はないが、それぞれの思いを共有しておくことは重要である。こんな行為から、プロジェクトという概念を理解するスタートラインに立つのである。

本書は３部構成になっている。授業を受ける前の事前学習を通してプロジェクトに関するいろいろな疑問が膨らんだところで、プロジェクトという概念を理解する第１部が始まる。ここでは「プロジェクトとは何か」、「プログラムとは何か」、「システムとは何か」、「プロジェクトマネジメントとは何か」などの基礎的な概念を理解する。そのために、これらのキーワードの関係やプロジェクトに関する歴史的な背景について学ぶ。第１部は、プロジェクトマネジメントについて学ぶ第１歩であり、１章から４章で構成されている。

第２部では、プロジェクトの本質を理解するステップへと踏み出す。やさしい事例を導入しながら、プロジェクトの資源（人、物、金、情報、知識、ネットワーク）、資源の管理、組織の活動と戦略について学ぶ。現実フィールドで遂行されているさまざまなプロジェクトに目を向けることで、実務について理解することを目指している。そして、いろいろな問題を解決するために、基礎知識を応用できる能力を身につける第1歩とする。第2部は、5章から9章まででで構成されている。

これまでにプロジェクトに関する基礎的な知識を学んだ。しかし、それはプロジェクトのある側面に触れただけであって、本質を正しく理解することはまだ困難であろう。プロジェクトにはいろいろな側面があり、与えられるミッションも二つとして同じものがないからである。

そこで、第3部では、身近な問題状況に目を向けて解決すべき課題を取り上げ、局所的なグループ演習を実施する。演習を通してプロジェクトの解決プロセスを理解し、問題点を分析するという経験をすることで、効果的にプロジェクトを理解しようという趣向である。第3部では、10章から15章までが展開される。

本書は、大学での半期15コマの授業を想定して15章で構成した。各章のページ数はほぼ同じ分量にすることを心がけたが、講義と演習の比重を考慮して多少の変化をつけている。さらに章末には、各章での学習目標を達成できるレベルを目安にした演習課題を用意した。これらの課題の解答例や考え方のヒントを本書の最後にまとめてある。ただし、これらの解答例やヒントはあくまで参考である。なぜならば、プロジェクトの正解は1つだけとは限らないし、解の導き方も多様であるから。実際、プロジェクトの現場では、ステークホルダーの多面的な要求を満たさなければならない。また、時間的にも空間的にもしばしば変化する社会の背景にも適切に対応しなければならないからである。

さらに、本書の最後には「重要用語」を取り上げて解説している。ここでは、プロジェクトの本質を理解する上で重要な、かつ基本的な用語をページ数が許す範囲で可能な限りたくさん選んでいる。また、各章で参照した文献は、本書の最後にまとめて掲載した。これらは、学習過程でさらに詳しい内容を知りたいと思ったときに参照されるとよい。

本書で基本を学んだあと、身近な課題を取り上げたPBL(Project Based Learning)を実施して、チームワーキングの心を理解すること期待している。

本書は4人の執筆者の手による。その担当部分は次のとおりである(五十音順)。
酒森　潔（産業技術大学院大学教授）：分担＜1章、2章、3章、4章、8章＞
中村太一（国立情報学研究所特任教授、工博）：分担＜5章、12章、13章、15

章＞
三浦　進（東洋エンジニアリング（株）渉外部）：分担＜10章、11章、14章、15.4＞
宮本文宏（日本ユニシス（株））：分担＜6章、7章、9章＞
　また、編集委員は次の3人である。
神沼靖子（情報処理学会フェロー、元前橋工科大学教授、博士（学術））：監修を兼ねる
鮫島千尋（日本プロジェクトマネジメント協会副理事長）
吉野惠一（日本プロジェクトマネジメント協会事務局長）

　本書の発刊に際しては、以上のメンバーのほかに多くの方々の協力があった。各部の扉および表紙のイラストは、弓削商船高等専門学校情報工学科の山本愛奈さんの手によるものである。また、この分野に造詣が深い日本プロジェクトマネジメント協会の今川弘道氏には、原稿に目を通していただき適切なコメントをいただいた。さらに、同協会の南健一郎氏には校正に多大なご協力をいただいた。ここに感謝の意を表す。
　日本プロジェクトマネジメント協会理事長光藤昭男氏には、本プロジェクトの推進にあたり終始ご支援をいただいた。さらに、いろいろな場面でご支援ご協力いただいた皆様に深謝する。
　本書の出版にあたっては、近代科学社の小山透社長、冨高琢磨企画部長、および石井沙知さんの辛抱強い支えがあったことを付記して、感謝の意を表する。

2013年1月
神沼靖子ほか著者一同

# 目　次

## 第１部　プロジェクトの基本的な概念（Hop への扉）

### １章　プロジェクトの基本用語の理解



### ２章　プロジェクトマネジメントの歴史的背景とその発展



### ３章　プログラムマネジメントの概念と理解



### ４章　システムとシステムズマネジメント

## 第2部　実務から学ぶプロジェクトの本質と理論（Stepへの扉）

### 5章　プロジェクトの資源の確保



### 6章　プロジェクトの組織と管理



### 7章　プロジェクトとコミュニケーション

## 8章　情報資源と情報マネジメント



## 9章　戦略とプログラム



# 第3部　プロジェクトへの挑戦（Jumpへの扉）

## 10章　グループウェアとプロジェクト活動



## 11章　プロジェクトの目標と管理

## 12章　リスクの分析と評価



## 13章　プロジェクトの多面性と関係分析



## 14章　プロジェクト価値の認識と評価



## 15章　プロジェクトマネジメントの実践



## 付録

# 第１部

# プロジェクトの基本的な概念

## （Hop への扉）

ここから、プロジェクトという概念を理解する第一歩が始まる。そこには「プロジェクトとは何か」、「プロジェクトマネジメントの考え方はどのように発展したか」、「プログラムとは何か」、「プログラムとプロジェクトの関係とは」などといったキーワードが出現する。

第１部では、プロジェクトに関する基本的な概念を理解することを目的とする。そのために「プロジェクトマネジメントの歴史的背景」、「プロジェクトマネジメントの構造と体系」、あるいは「システムの概念」といったプロジェクトの背景にも注目しながら、「プロジェクト」「マネジメント」「プログラム」の基本的な概念を理解する。

# 1章

# プロジェクトの基本用語の理解

この章では、プロジェクトマネジメント(project management)の本質に関する理解を容易にすることを目的とする。そのために、「プロジェクト(project)とは」「マネジメント(management)とは」「プロジェクトマネジメントとは」の3つの視点で話題を取り上げ、「プログラム(program)」と「プロジェクト(project)」の概念を理解する第一歩としたい。そして、実際のプロジェクト活動やプロジェクトを考える際に、再びこの章に立ち戻ることを期待したい。

## 1.1 プロジェクトとは

業務には、定常的に繰り返される毎日の決まりきった仕事と、特別の目的を達成するために一時的な組織が結成されて達成される仕事とがある。企業や社会では、業務を効率よく達成するために、総務、人事、営業、製造といった組織を構成して業務を分担する。たとえば受付の仕事や工場の生産活動などのように、定常的に継続的に繰り返される業務を「定常業務」という。これに対して、新型自動車の開発など、ある一つの目的のためだけに業務推進組織ができ、その目的を達成したら消滅する業務を「プロジェクト」という。

プロジェクトも定常業務も目的を持った企業の業務であるという点では共通している。たとえば「人がチームで実行する」「使用する資源に制約がある」「成果物を生み出す」「達成目標がある」などは、いずれにも共通する事項である。

一方、相違点に注目すると、プロジェクトには「有期性」「独自性」があるのに対して、定常業務には「継続性」「反復性」がある(図 1-1)。

### プロジェクトの特徴

プロジェクトは定常業務と同じように、人がチームになって、ある制約の中で価値のある成果物を生み出している。しかし、「期間が限られている」「目的を達

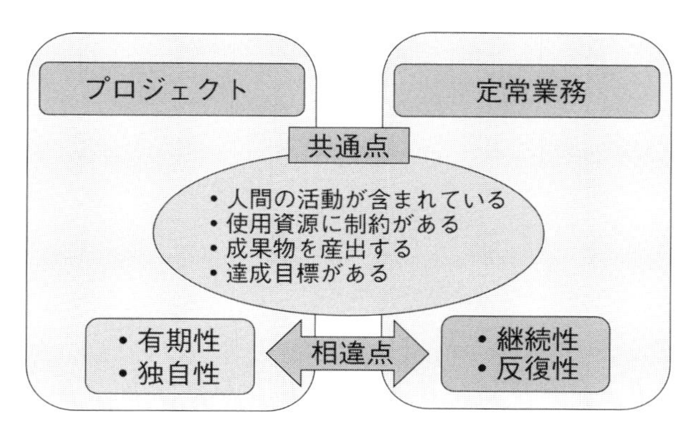


図 1-1　プロジェクトと定常業務

成したらチームは解散する」「これまでに誰も経験したことがない独自の使命を実行する」ということはプロジェクト特有のものといえる。期間が限られているということを「有期性」、誰も経験がない独自の使命を持つということを「独自性」といって、プロジェクトの大きな特徴とされている。この後、プロジェクトについて考えていくときに、この2つの特徴が大きく影響してくる。

P2M(Program & Project Management for Enterprise Innovation)※1では、プロジェクトの定義を「プロジェクトとは、特定使命「project mission」を受けて、資源、状況などの制約条件(constrains)のもとで、特定期間内に実施する将来に向けた価値創造事業(value creation undertaking)である」としている。

プロジェクトの目的は「価値創造」であり、その目的に向かって特定使命を明確にすることが必要である。プロジェクトには、特定使命という「個別性（独自性)」、特定期間という「有期性」、さらに状況変化やリスクなどの「不確実性」が伴う。この3つをプロジェクト固有の基本属性という（図 1-2)。

### プロジェクトの始まりと終わり

プロジェクトには始まりがあり、終わりがある（有期性)。プロジェクトが始

※1　P2Mは、日本が開発したプロジェクトマネジメント(project management)とプログラムマネジメント(program management)の標準ガイドブックの呼称であり、正式には「A Guide to Project & Program Management for Enterprise Innovation」という。2014年の改訂3版で名称をプログラム&プロジェクトマネジメント標準ガイドブック(Program & Project Management for Enterprise Innovation)と変更。

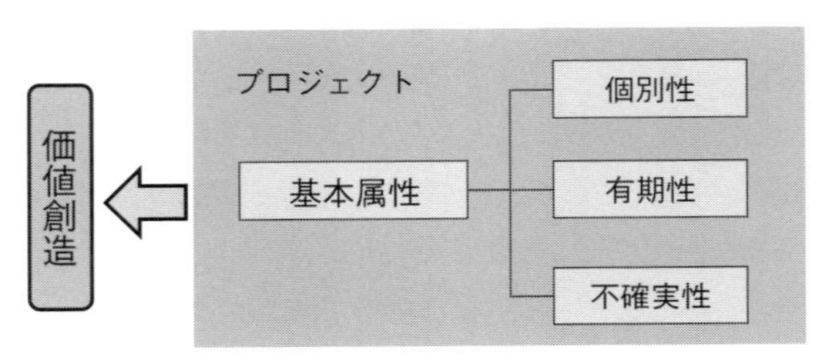


図 1-2　プロジェクトの目的と基本属性

まるきっかけには、企業の方針や戦略に基づく計画的なもの、法律の改正、問題の解決などがある。その始まりは、必要なときに責任ある管理者によって決定される。

一般にはプロジェクトの成果物が生み出すメリットを期待して、そのために費用をかけてもよいと判断されたときにプロジェクト開始が決定される。法律改正や企業戦略などにより、金銭的なメリットを考えない場合もある。目的を達成したらプロジェクトは終了し、その業務は消滅し、同じ内容を繰り返すことはない。プロジェクトが始まって終わるまでの一連のプロセスを、プロジェクトライフサイクルという。

プロジェクトは最終的に目的とする成果物（プロダクト）をつくり出す。成果物には家や新型自動車のように目に見えるものもあれば、新人教育のように形で表現しにくいものもある。また、同じような成果物であっても、そのつくり方はさまざまである。たとえば、家をつくるには、ツーバイフォー工法や在来工法、木造や鉄筋コンクリート造りなどによってつくり方が異なる。

プロジェクトが生み出す成果物は、これまでに同じものがないということ、将来にわたって価値を生み出すということが特徴である。このため、個々のプロジェクトでは、何をどこまでつくるのか、そのためにどのような作業を行うのかといったことを、きちんと決めておくことが重要になる。定常業務の成果物は、同じものを繰り返し産出しているので、手順が確立しており継続的な改善活動により成果物の質を向上させることができるが、プロジェクトの成果物は一度しかつくらないという制約の中で品質向上を考えなければならない。

プロジェクトでつくり出す成果物はプロジェクトの完了と同時に利用され始め、その目的に達したところで破棄されるのが通常である。このように成果物の創造が始まって消滅するまでをプロダクトライフサイクル（Product Life Cycle：

PLC)※2という。

## 1.2　マネジメントとは

「マネジメント」の意味は、一般用語としての「管理」という言葉から外れるものではない。ちなみに英語表記のmanagementの日本語表現には、管理のほかに、「取り扱い、処理、操縦、経営」などが使われている。岩波国語辞典（第四版、1963)には、「人・もの・金・時間などの使用法を最善にし、企業を維持・発展させていくこと」という表現もなされている。

プロジェクトを成功に導くために、計画・分析・設計・実施・評価などの活動が必要になるが、その活動内容は対象分野、個々のプロジェクトで異なっている。しかし、プロジェクトマネジメントとして共通の作業は存在する。そこで、プロジェクトについて学び、実施するうえで必要な知識は何か、どのようにプロジェクトを実施し管理すればよいのかなどについて、経験をもとに整理し、体系化されるようになった。

プロジェクト（後で述べるプログラムも含めて）は､組織の事業の一形態であって、それらのマネジメントの基本は、定常業務を想定した一般のマネジメントの原則から外れるものではない。したがって､「マネジメント」を「管理」と表現しても概念的には問題ないのであるが、このままでは「管理の内容が何であるのか」について理解することが難しい。そこで、プロジェクトの活動を細分化することによって管理の内容をわかりやすく伝えるようになり、プロジェクトに関する表現では「××マネジメント」というカタカナ表現が使われている。

本書でも、一般的な管理を意味する場合と、個別化・細分化されたプロジェクトの意味を表現する場合とでは､使い分けることとした。前者の場合には「管理」という表現を用い、後者の場合には「マネジメント」という表現を用いている。企業など営利を目的とする組織では継続的な成長が必要であり、そのために価値創造の質を高めるプロジェクト活動のマネジメントが重要になっている。今日のマネジメントの基本は、計画－実行－評価－コントロールのサイクルで定着している。このあと、さらにマネジメントのいろいろな側面に触れながら、プロジェ

※2　ここでは、成果物（製品、建設構造物、情報システム、サービスシステムなど）が設計・生産・販売・メンテナンスを経て、最終的に廃棄されるまでの生涯を示している。

クトマネジメントの諸活動に関する理解を深めていくことになる。

## 1.3　プロジェクトマネジメントとは

プロジェクトマネジメント（project management）を文字通り捉えれば「プロジェクトの目的を達成させるための管理を行う」ということになる。ただ管理と言ってもいろいろな作業が考えられる。企業における管理は、各業務に与えられた目的を達成するために、業務の進捗、費用、完成品の品質などを確認しながら、必要に応じて対応策を講じていくことである。

プロジェクトにおける管理も、基本的には通常の業務の管理と同じことであるが、プロジェクトの持つ個別性と有期性と不確実性という基本属性を考慮した管理が必要になる。プロジェクトの個別性という視点では、個々のプロジェクトで異なる作業手順や、成果物の仕様などを決めるところから始めなければならない。有期性という視点では、定められた期間で終了させることが求められる。また、不確実性の視点からは、リスク対策などの配慮が求められる。

プロジェクトは個々に独自のものであるから、プロジェクトの管理経験や知識を、それぞれのプロジェクトに合わせて利用することになる。これは反復性のある定常業務のマネジメントと大きく異なる特徴である。図 1-3 は、プロジェク

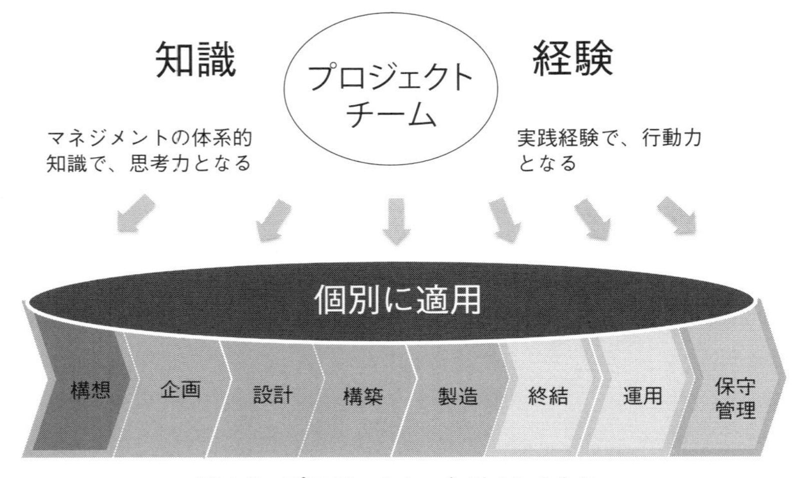


図 1-3　プロジェクトマネジメントとは

トマネジメントの特徴とワークプロセスを反映している。

さらに、プロジェクトのさまざまな制約を最適化する（バランスをとる）ことが必要である。プロジェクトの、品質、期間、費用は3大制約とも呼ばれて特に重視されているが、このほかにも作業範囲、要員、リスクなどの要素も制約として考慮する必要がある。このように、プロジェクトマネジメントではさまざまな要求のバランスをとることなどが求められる。

P2Mでは、プロジェクトマネジメントについて、「特定使命を達成するために有期的なチームを編成し、プロジェクトマネジメントの専門職能を駆使してプロジェクトを公正な手段で効率的・効果的に遂行し、確実な成果を獲得する実践的能力をプロジェクトに適用することである」と定義している。

### プロダクトプロセスとプロジェクトマネジメントプロセス

プロジェクト活動は、大きくプロダクトプロセス（product process）とプロジェクトマネジメントプロセスに分けることができる。プロダクトプロセスは、成果物を創出する活動でありプロジェクト活動の主体となる。その成果物は製品であったり、構造物であったり、情報システムであったり、サービスなどであったりする。プロジェクトマネジメントプロセスはプロダクトプロセスが円滑に進むように支援、管理を行う活動である。したがって、プロジェクトマネジメントプロセスはプロダクトプロセスに大きく影響を受ける。

プロダクトプロセスは、プロジェクトの成果物をつくり出すための価値創造活動であるため、そのプロダクト（product）の種類によってさまざまな方法や技法が使われる。たとえば、家をつくるプロジェクトとソフトウェアを開発するプロジェクトではプロダクトプロセスは全く異なっている。またソフトウェアを開発するプロジェクトであっても、たとえば要件定義・外部設計・内部設計・開発・結合テスト・システムテスト・移行といったウォーターフォール（waterfall）型の開発技法と、小さな開発を効率よく繰り返すアジャイル（agile）型の開発技法とではプロダクトプロセスが異なる。このようなプロダクトプロセスに関して責任を持つのがプロダクトのスペシャリストであり、アーキテクトである。

これに対して、プロジェクトマネジメントプロセスには、プロダクトに依存しない共通なマネジメントプロセスがあり、それらのプロセスは異なるプロジェクトであっても共通のものであり、その知見がノウハウ（know-how）として蓄積されてきた。

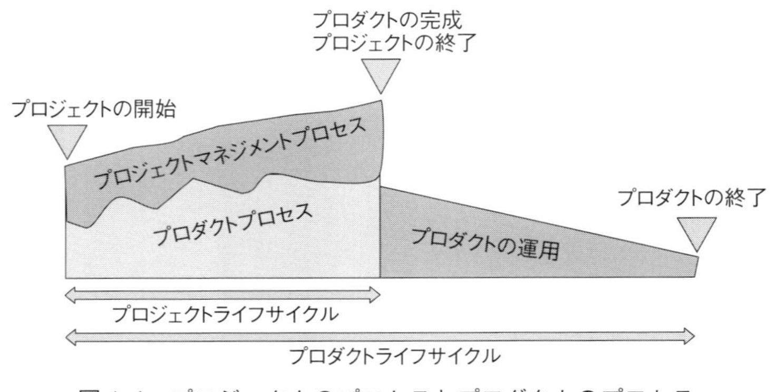


図 1-4　プロジェクトのプロセスとプロダクトのプロセス

一方で、プロジェクトマネジメントプロセスとプロダクトプロセスに共通なノウハウも蓄積されている。ただし実務では、固有のプロダクトプロセスの影響を大きく受けることから、蓄積されたノウハウをそれぞれのプロジェクトに適した形で適用していくことが重要となる（図 1-4）。

プロジェクトを成功に導くためには双方のプロセスを理解して進めなければならない。プロジェクト遂行のマネジメント活動は、一般的なマネジメント活動と同様に、PDCA サイクルによって継続的に改善されながら遂行される。プロジェクトマネジメントは有期的なマネジメント活動であり、定常業務から発生した変化への対応といえるミッションに基づいて実施される。このため、定常業務からの立ち上がり部分と、プロジェクト終了後の定常業務への移行の部分が加わり、さらにコントロール中のチェックと修正行動の部分が密接に結びついて実施されるため、[立ち上げ] ⇒ [計画] ⇒ [実行] ⇒ [コントロール] ⇒ [終結] というサイクルで記述されるのが一般的である。この関係を図 1-5 に示す。

## 1.4　プログラムとは

プログラムとはプロジェクトの上位概念であり、組織の目標を実現するための施策を具体的に実践するものである。通常は、組織の目標を実現するために機能型の組織が設立されて、定常業務として実施される。しかし定常業務では実現できない特別の課題を解決するために、プログラムでは組織を横断したチーム活動が実施される。

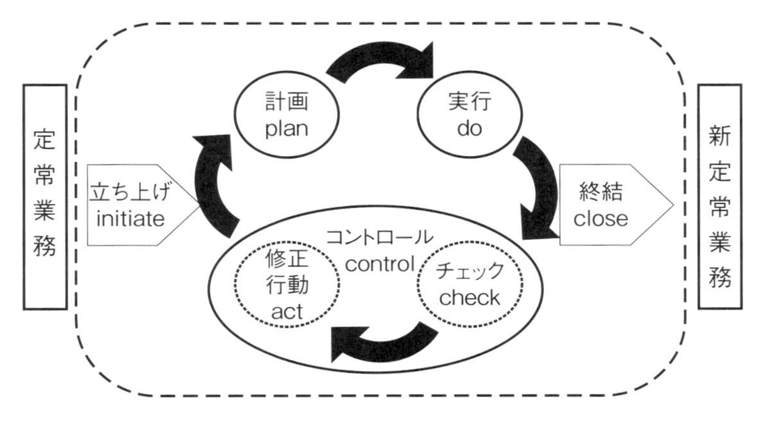


図1-5　プロジェクトマネジメントのマネジメントサイクル

プログラムは複数のプロジェクトで構成されるが、場合によっては定常業務も含むことがある。プロジェクトの目的が達成されると組織は解散するが、プログラムには目標を達成するためのプロダクトの運用が含まれているので、引き続きプロジェクトで得られた成果物を利用したサービスなどが行われる。

プログラムが複数のプロジェクトを含むということは、プログラムが同一目的を持って管理される複数のプロジェクトの集合であることを意味する。

P2Mではプログラムを「組織の全体使命を実現する複数のプロジェクトが有

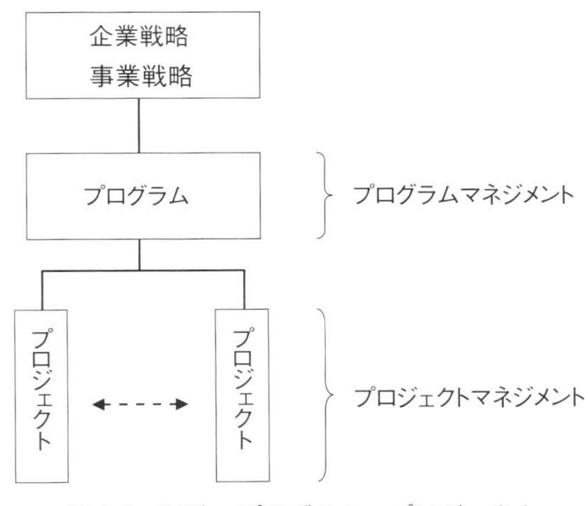


図1-6　戦略、プログラム、プロジェクト

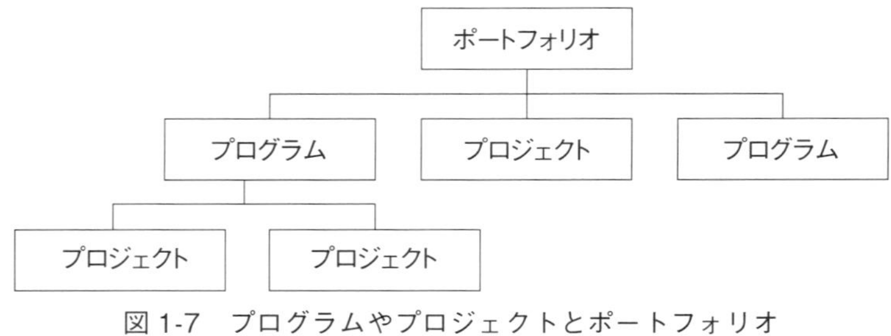

図 1-7　プログラムやプロジェクトとポートフォリオ

機的に結合された事業である」と定義している。

**ポートフォリオ**

ポートフォリオマネジメントとは、事業で行うプログラムおよびプロジェクトの取捨選択、優先順位づけ、資源配分、実施時期の調整などのマネジメントを行うことである。事業戦略を実現するために、事業におけるプログラムおよびプロジェクトの価値の総和を最大化し、リスクの総和を最小化することを目的とする。プログラムやプロジェクトとポートフォリオの関係を示したのが図 1-7 である。

**● 1 章の演習課題 ●**

1-1　プロジェクトとプログラムの共通点と違いについて、理解したことを述べなさい。

1-2　プロジェクトマネジメントの概念について説明しなさい。

1-3　プロダクトプロセスについて事例を挙げて説明しなさい。

# 2章

# プロジェクトマネジメントの歴史的背景とその発展

プロジェクトマネジメントの重要性について理解するために、国内外の発展史と主な組織の活動を取り上げる。また、プロジェクトマネジメントがなぜ必要になったのかがわかるように、歴史的な背景にも目を向け、「いつ」、「どこで」、「どのような」発展がなされて今日に至っているのかについて触れる。

## 2.1 プロジェクトマネジメントの取り組み

### プロジェクトの始まり

プロジェクトマネジメント活動は人類が集団活動を開始したときから始まったと言える。少なくとも5000年前のエジプトのピラミッド建設や、同じ時代に世界のいたるところで行われた治水のための堤防やダム建設は、大規模プロジェクトであり、プロジェクトマネジメントなくしては完成できなかったはずである。

近代になっても戦争や紛争、産業革命による技術革新などの際には、多くのプロジェクトが実施され、プロジェクトマネジメントは欠かせないものとして進化していった。

しかし、この時代までのプロジェクトマネジメントは、それぞれのプロジェクトの成果物創造活動の一部のように考えられ、プロジェクトマネジメントと呼べるような多様な種類のプロジェクトに共通した概念は存在していない。それぞれ個別の業務分野で成果物を効果的につくり上げるための一つのノウハウとして発展してきた。たとえばダムつくりのプロジェクトマネジメント、植民地戦略のプロジェクトマネジメントというようにそれぞれのプロジェクト活動の一部としてのマネジメントであった。

このような初期の段階のプロジェクトマネジメント活動は、QCD（品質、コスト、納期）※1の観点からの管理活動と捉えることができ、いかに成果物のQCDの指標を高めるかということが中心であった。

### モダンプロジェクトマネジメント

1950年代は、米国の軍事関連のプロジェクトの改善のために、プロジェクトマネジメントの手法や技法の研究が盛んになった。たとえばミサイルの弾道計算のために生み出されたというPERT(Program Evaluation and Review Technique)技法や、各種ロジスティクス(logistics)の効率化やスケジューリング（工程管理）技法などがある。また民間においても、軍事プロジェクトに影響を受け多くのプロジェクトマネジメント技法が研究された。たとえば、デュポン社のCPM技法(Critical Path Method)などは有名である。

このように、近代になって軍事プロジェクトを中心に体系化されたプロジェクトマネジメントを「モダンプロジェクトマネジメント」と呼ぶ。従来のプロジェクトマネジメントがQCDの管理を目的として進められるのに対して、モダンプロジェクトマネジメントはスコープ、スケジュール、コスト、品質などをバランスよく管理し、顧客満足度を上げるという考え方であった。

そして、モダンプロジェクトマネジメントの発展の最中に生まれたのが米国の非営利団体であるPMI(Project Management Institute)が体系化したPMBOK(A Guide to the Project Management Body of Knowledge)である。PMBOKが発表されたことで、プロジェクトマネジメントに一つの標準が生まれ、世界中でモダンプロジェクトマネジメントの定着が進むことになる。

### プロジェクトマネジメントの定着

現在のプロジェクトマネジメントは、各企業や業界に特化したプロジェクト標準の策定と、業界を超えたプロジェクトマネジメントの専門家が集まって構築したものとに分けられる。特に後者の活動が盛んで、先に挙げたPMIは世界に53万人の会員を有する団体となり、プロジェクトマネジメントプロセスの標準化のリーダーになっている。

PMI以外にも世界的には欧州に本拠地を置くIPMA(International Project

※1　Quality（品質）、Cost（コスト）、Delivery（納期）を略していう。

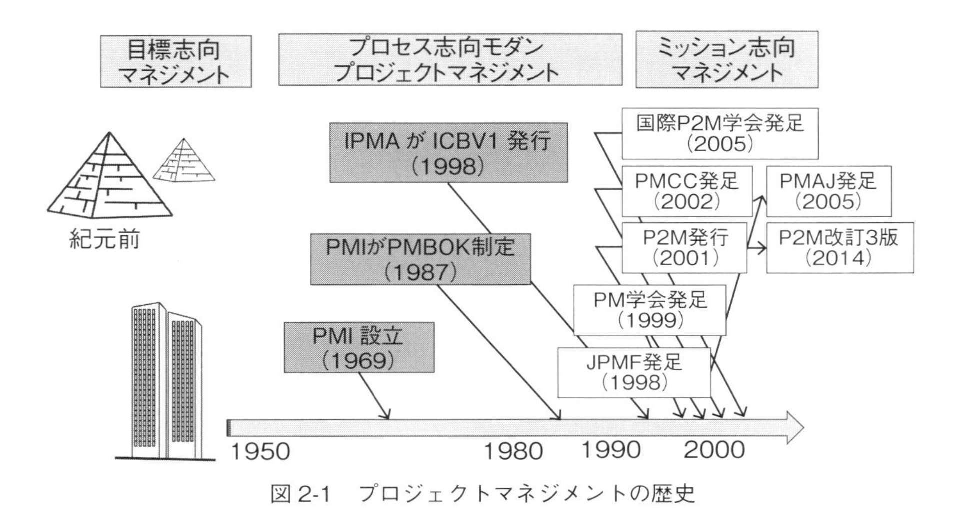


図 2-1　プロジェクトマネジメントの歴史

Management Association）や、英国の商務局が作成し定着化を進めているPRINCE2（PRojects in Controlled Environments, 2nd version）の研究団体などもあって、標準化やプロセスの体系化が進められている。

日本においても戦後の経済発展とともに米国のプロジェクトマネジメントの考え方が導入され、特に石油などの大規模プラント系の企業が最新の技法を先導した。1990 年代の IT 産業の活性化がさらなるプロジェクトマネジメント定着の牽引力となった。1998 年にはエンジニアリング振興協会（ENAA ※2）内に日本プロジェクトマネジメントフォーラム（Japan Project Management Forum: JPMF）が任意団体として発足し、また PMI 東京支部（現日本支部）が設立された。1999 年にはプロジェクトマネジメント学会も発足した。

さらに、日本では 1999 年に通商産業省（現経済産業省）の委託により、ENAA が中心になって日本発のプロジェクトマネジメントの体系化を進め、プロジェクト＆プログラムマネジメント（P2M）を完成させた。現在は日本プロジェクトマネジメント協会（PMAJ）がこの標準の普及と資格認定業務を行っている。（P2M 改訂３版より「プログラム ＆ プロジェクトマネジメント」と改名）。

※2　ENAA（Engineering Advancement Association of Japan）は、2011 年に一般財団法人への移行とともに、「一般財団法人エンジニアリング協会（ENAA）」と名称変更された。

## 2.2　PMI の取り組み

PMI とは 1969 年に米国で設立された非営利団体で、現在はフィラデルフィアに本部を持ち、世界中に支部を持っている。PMI の活動は、プロジェクトマネジメントの体系化、PM の活動意欲増進、および推進活動などである。

PMI が発行する PMBOK が評価され定着してきた理由として、この本に書かれた知識体系が多くの企業に受け入れられたこと、グローバル標準として国境や業種を超えたプロジェクトマネジメントのスタンダードとして評価されたことなどが考えられる。

また、米国では政府調達の条件として、プロジェクトを実施するプロジェクトマネジャーが PMP（Project Management Professional）を所持していることとしたことなどが PMP 取得者、ならびに PMI の会員の伸びを牽引していると思われる。

### PMBOK

PMBOK はプロジェクトマネジメントで共通なプロセスを体系的に整理したものである。業界を超えたプロジェクトマネジメントのスペシャリストが集まり、プロジェクトのよい実務慣行としてまとめたものである（1987 年に制定され、1996 年に初版が発行された。2017 年 9 月に第 6 版発行）。

PMBOK では、プロジェクトマネジメントのプロセスをインプット情報、ツールと技法、アウトプット情報によって整理したものである。それらのプロセスは全てのプロジェクトで必ず実施しなければならないものではなく、一方で同じプロジェクトの中で何回も使用されるプロセスも存在する。またプロセスの実施においても、プロジェクトやその状況に応じた利用方法を行えばよい。

PMBOK では各プロセスを整理するために、プロセスが実施される時期でのプロセスの種類を知識エリアに分類して整理している。プロセス群として、立上げプロセス、計画プロセス、実行プロセス、監視・コントロール・プロセス、終結プロセスがある。それぞれのプロセス群に含まれるプロセスは、そのプロセス群で実施される可能性が高いというだけであり、プロジェクトライフサイクルの中で何度も現れる可能性があるものである。たとえば見積もりプロセスは、計画プロセス群に含まれている。これはプロジェクトの計画段階で実施される確率が最

表 2-1　PMBOK の知識エリア

| 知識エリア | 知識エリア（英文呼称） |
|---|---|
| プロジェクト統合マネジメント | project integration management |
| プロジェクト・スコープ・マネジメント | project scope management |
| プロジェクト・スケジュール・マネジメント | project schedule management |
| プロジェクト・コスト・マネジメント | project cost management |
| プロジェクト品質マネジメント | project quality management |
| プロジェクト資源マネジメント | project resource management |
| プロジェクト・コミュニケーション・マネジメント | project communication management |
| プロジェクト・リスク・マネジメント | project risk management |
| プロジェクト調達マネジメント | project procurement management |
| プロジェクト・ステークホルダー・マネジメント | project stakeholder management |

も高いというだけで、プロジェクトの立ち上げ時にも概略の見積もりが行われたり、実行時に変更要求が出されたときにも個別の見積もりが行われたりしている。

さらに知識エリアで**表 2-1** のように分類されている。

PMBOK は定義したプロセスをどのように個々のプロジェクトに適用すべきかを定義したものではない。プロジェクトはそれぞれ異なるものであり、PMBOK に書かれた知識をそれぞれのプロジェクトに適用するのはプロジェクトマネジャーの仕事である。

PMBOK を理解しただけで、プロジェクトマネジメントがそのまま実行できるというものではないが、その体系化がプロジェクトマネジメントの知識やスキルの整理に優れていることや、デファクトスタンダード(de facto standard)として業界や地域を超えた標準としての高い評価を得ている。

## 2.3　IPMA の取り組み

IPMA は 1965 年に創設された、世界各国のプロジェクトマネジメント団体を傘下に持つ連盟団体である。本部はスイスにあり、現在欧州を中心として世界の約 70 のメンバー協会(Member Associations: MAs)の連盟となっている。

IPMA のミッションは、PPPM(Project, Program, and Portfolio Management)の分野で世界をリードするオーソリティとなり、活動を通じて PM のベストプラクティスを広く知らしめ、さまざまな分野に適用させていくことである。1992年にはIPMA傘下の英国のAPM(Association of Project Management)がAPMBOK(APM Body of Knowledge)※3を発行し資格試験を開始した。IPMAではこれをもとにプロジェクトマネジメントの国際的な標準としてICB(IPMA Competence Baseline)を発行した。

ICBは共通のプロジェクトマネジャー資格制度や認定基準であり、IPMAによって1998年にバージョン1が制定され、2006年にバージョン3が公開された。既に認定試験も開始していたIPMA傘下のAPMが作成したAPMBOKをベースにしたとされる。2015年にはIPMA ICBバージョン4が発行されている※4。

IPMA ICBは、プロジェクトマネジメントの実践能力の認定試験を目的として、コンピテンスを中心にまとめられている。したがって、プロジェクト遂行に必要な具体的なプロセスについては、各国のPM協会が独自に付け加えるという考え方に立っている。

IPMA ICBバージョン4では、プロジェクトマネジメント、プログラムマネジメント、ポートフォリオマネジメントの3つのドメインについて解説されている。それぞれのドメインは、29のコンピテンスエレメント（人に関して10、実践に関して14、大局的な観点で5）に分けられている。

## 2.4 PMAJの取り組み

ENAAに設置されたプロジェクトマネジメント導入開発委員会は、日本型のPM知識体系である「プロジェクト&プログラムマネジメント標準ガイドブック(P2Mガイドブック)」をまとめ2001年に発表した。2002年にプロジェクトマネジメント資格認定センター(PMCC※5)がNPOとして発足し、P2Mの考え方をもとにしたPMS資格試験を開始した。

その後2005年にPMCCとENAAの日本プロジェクトマネジメント・フォーラム(JPMF)が組織統合して、日本プロジェクトマネジメント協会(Project Management Association of Japan: PMAJ)となり今日に至っている。

※3　2012年にはAPMBOKの第6版が発行されている。
※4　名称は、The IPMA Individual Competence Baseline 4th Version(ICB4)と変更された。
※5　PMCC: Project Management Professionals Certification Center

P2M の活用分野は、社会基盤系のインフラや施設建設から、資源開発、生産施設、製品開発・製造改革、総合エンジニアリング、情報通信・情報産業分野や公共サービスなどまで広範囲に及んでいる。

### P2M 標準ガイドブック

P2M 標準ガイドブックは日本の産業界におけるプロジェクトマネジメントの知識や能力体系と資格認定制度の基礎として 2001 年に完成した。

P2M の知識体系の全体像をピラミッド型に示したものが P2M タワー（図 2-2）である。このタワーは企業の経営者の思いやアイデアから生まれる「ミッション」がプログラムやプロジェクトに展開されることを示している。

プログラムマネジメントは「ミッションプロファイリング」「アーキテクチャマネジメント」「プログラム戦略マネジメント」「プログラム実行の統合マネジメント」「アセスメントマネジメント」により構成されるプログラム統合マネジメントと、それを実現するためのコミュニティマネジメントによって統制されている。

プログラムを構成する個別プロジェクトマネジメントには、それぞれの組織において個人が持つ知識や経験が専門職業知識として蓄積されているシステムズマネジメントが含まれる。ここにはたとえば、「統合マネジメント」「ステークホルダーマネジメント」「スコープマネジメント」「資源マネジメント」「タイムマネジメント」「コストマネジメント」「リスクマネジメント」「品質マネジメント」「調達マネジメント」「コミュニケーションマネジメント」などがある。ミッション、プログラムマネジメント、プロジェクトマネジメントの根底には、事業経営基盤、知識基盤、人材能力基盤があり、これらの全体像が図 2-2 で示すタワーである。

プロジェクトマネジメントでは、個人の持つ知識や経験を実務に適用することが重要である。P2M では知識や経験を体系的にまとめ、実践力に関する 10 の能力要素として区分している。

P2M の実践力は「体系的知識」「実戦経験」「姿勢・資質・倫理観」の３つからなる総合的な能力である。ここで、実践力とは個人のものもあるが、個人の能力だけでなくチームの能力を引き出す力も必要とされている。

P2M の実践力は、個人と組織の両面で求められ、その評価は 10 のタクソノミーで示されている（表 2-2）。

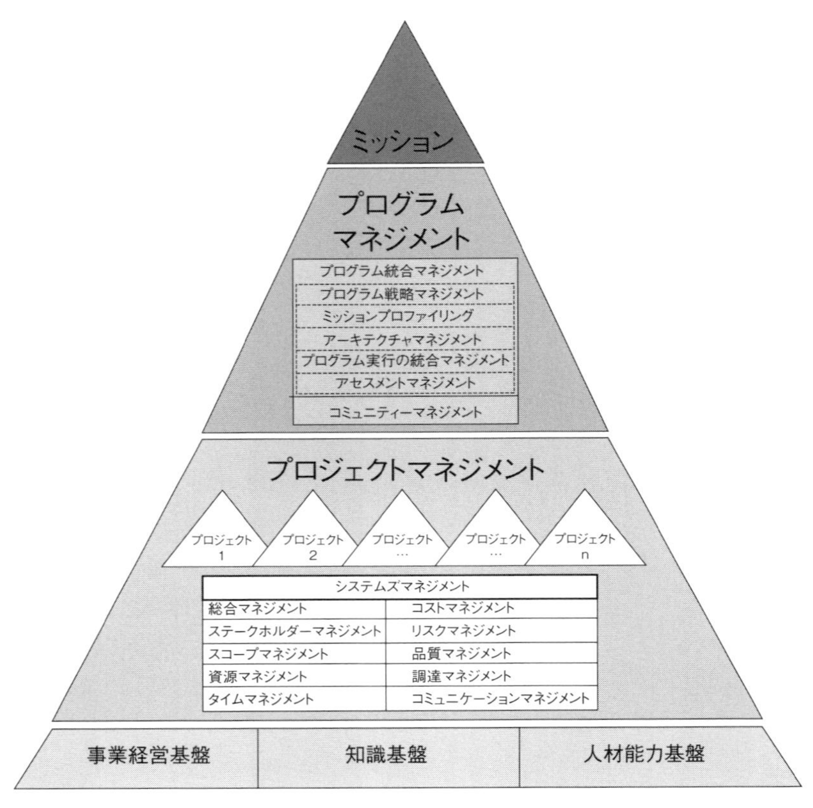


図 2-2　P2M タワー

## 2.5　試験制度

ここでは、プロジェクトマネジメントに関する試験制度の中から主なものを3つ紹介する。

### PMI の試験制度

PMI は、PMP(Project Management Professional)試験と呼ばれるプロジェクトマネジメントに関する各種の資格試験を行っている。中でも PMP 試験は、最も広く普及したプロジェクトマネジメントの能力を認定する試験である。この試

表2-2　実践力の評価基準（10のタクソノミー）

| | 能力要素区分 | 評価基準 | 到達レベル |
|---|---|---|---|
| Ⅰ | 統合思考 | ミッション追求型基準<br>(mission pursuit) | 課題発見ができる、解決目標の定義ができる、解決シナリオ思考ができる、代替シナリオ案を作成できる |
| Ⅱ | 戦略思考 | 成功要素認識基準<br>(strategic key perception) | 戦略要素を知る、優先順位をつける、障害に手を打てる |
| Ⅲ | 価値判断 | 価値追求型基準<br>(value pursuit) | 顧客と顧客価値を知る、変化を知る、価値を維持する、代替案を比較する |
| Ⅳ | 計画行動 | 計画行動型基準<br>(management in planning) | 目標と資源を計画する、組織をつくる、ルールを決める |
| Ⅴ | 実行行動 | 実行行動型基準<br>(management in execution) | システム思考ができる、指揮できる |
| Ⅵ | 統制・調整 | 統制・調整型基準<br>(control and coordination) | 進捗予測ができる、進捗障害を知る、解決できる、交渉ができる |
| Ⅶ | リーダーシップ | リーダーシップ型基準<br>(leadership) | 改革に挑む、意思決定ができる、状況打破ができる |
| Ⅷ | 人間関係 | コミュニケーション型基準<br>(human communication) | チームを維持する、メンバーを動機づける、場をつくる |
| Ⅸ | 成果追求 | 成果追求姿勢<br>(attitude of achievement) | 成果達成に向けてやり抜く、あきらめずやり通す、責任感、対外組織説得力、自己と周囲を信頼する |
| Ⅹ | 個人姿勢 | 個人姿勢型基準<br>(attitude of self-control) | 自己規律がある、倫理を守る、行動責任を持てる、前向きの姿勢がある |

験はPMBOKをもとに実施されPMI本部がプロジェクトマネジメントの知識や実践力を認定するもので、公的な資格ではないが世界中で85万人以上の資格保持者がいる。

この試験は、大学卒では4,500時間以上の実務経験と36ヶ月以上のプロジェクトマネジメント経験、かつ35時間以上のプロジェクトマネジメントの研修を受講していることが受験資格として求められている。すなわち、プロジェクトマネジメントの実践経験があり、学習に取り組んでいる人に対して、その能力を認定するものである。

また、試験に合格してPMPと認定された後も、PMPとしての継続した実務経験や自己研鑽を求められる。このためにCCR(Continuing Certification Requirements)という制度が設けられ、PMPの資格を継続するには3年間に定められたプロジェクトマネジメントの実務や研鑽を継続する必要がある。具体的には、1時間の自己研鑽につき1PDU(Professional Development Unit)が与えられるので、3年間に60 PDU以上を獲得してPMIに報告すると、PMPの継続が認められるというものである。

### P2Mの試験制度

PMAJは、経済産業省の支援を受けて開発されたP2Mに基づくプロジェクトマネジメント資格認定制度を設けている。それらは上位から、PMA、PMR、PMSおよびPMCという4段階の資格として制定されている。この資格に対応して、PMS資格試験が2002年から、PMR資格試験が2004年から、さらにPMC資格試験が2005年から開始されている。P2Mの資格の種類と内容は、**表2-3**の通りである。

入門レベルのPMCではP2Mガイドの記述内容に限定した試験、その上のPMSでは知識全般の試験がそれぞれ行われる。またその上のPMRは実践力と実務経験の認定を行う試験である。最上位のPMAでは、より高度な実践力やプログラムマネジメントの経験が要求される。

**表2-3 P2M資格の種類とその概要**

| 略称 | 資格名称 | 受験資格、有効期間、試験内容 | レベル |
|---|---|---|---|
| PMC | プロジェクトマネジメント･コーディネーター<br>(Project Management Coordinator) | 学歴・実務経験問わない<br>P2Mの限定範囲の筆記試験<br>5年ごとの更新 | 基礎 |
| PMS | プロジェクトマネジメント・スペシャリスト<br>(Project Management Specialist) | 学歴・実務経験問わない<br>P2M知識全般の筆記試験<br>3年ごとの更新 | 中級 |
| PMR | プログラムマネジャー・レジスタード<br>(Program Manager Registered) | PMS＋プロジェクトマネジメント経験<br>5年ごとの更新<br>筆記試験＋面接＋モジュール試験 | 応用 |
| PMA | プログラムマネジメント・アーキテクト<br>(Program Management Architect) | PMR＋プログラムマネジメント経験<br>5年ごとの更新<br>(論文と面接：未定) | 高度 |

### PRINCE2認定試験

PRINCE2は、英国の政府団体OGC(Office of Government Commerce)が認定するプロジェクトマネジメントに関する国際資格であり、欧州を中心に世界中で使用されている（現在は認定を AXELOS Limited に移行）。

中央電子計算機局(CCTA)が、情報システムのプロジェクトマネジメント標準として 1989 年に PRINCE を開発した。1996 年には、より汎用的なプロジェクトマネジメント手法として PRINCE2 が発表され、その後も更新されている。PRINCE2 は、英国でのプロジェクトマネジメントのデファクトスタンダードとなっている。

認定試験には、「ファンデーション」と「プラクテイショナ」および「プロフェッショナル」の 3 種類がある。ファンデーションとプラクテイショナは、多肢選択式テストであり、プロフェッショナルはグループ活動と演習などの評価が行われる。PRINCE2 の構成要素として、業務事例、組織、計画、制御、リスク管理、プロジェクト環境における品質、構成管理、変更制御などがある。

## 2.6　ISO の活動

プロジェクトマネジメントの ISO 標準としては、1998 年にプロジェクトにおける品質管理の指針として ISO10006(Quality Management-Guidelines to quality in project management　邦文名：「品質管理―プロジェクト管理における品質の指針」）が制定され、2003 年に改定されている。ただし、この標準は PMBOK ガイドの知識エリアをプロジェクトの品質という観点からまとめたものである。

プロジェクトマネジメントのグローバル化に伴い、プロジェクトマネジメントの用語やプロセスの世界標準が求められるようになった。これを受けて ISO（国際標準化機構）でも 2006 年にプロジェクトマネジメントの標準化が提案され、2007 年に PC236(Project Committee 236)という標準化作業の組織が活動を開始した。日本では独立行政法人情報処理推進機構(IPA)が事務局を務め、2011 年から日本規格協会(Japanese Standards Association: JSA)が PC236 の活用と並行して、ISO TC258 委員会活動を開始している。

2007 年以降、数多くの議論が行われ 2010 年 1 月には標準のコミッティードラフトが提示された。このドラフトに対する多くの意見を取り入れたプロジェクトの標準ガイドラインとして、ISO21500(Guidance on Project Management, 邦文名：「プロジェクトマネジメントの手引き」）が 2012 年 9 月に発行された（P2M 改訂 3 版第 3 部プロジェクトマネジメントは、この ISO21500 に準拠）。

## ● 2章の演習課題 ●

2-1 プロジェクトマネジメントの試験制度が、「いつ」「どこで」「どのような」発展をしてきたかを表で示し、その特徴をまとめなさい。

2-2 日本規格協会が、どのような分野の標準化を手がけてきたのかを調査し、あなたの学習に深く関わりがあると思うものを1つ選んで、その特徴を1,000字以内でまとめなさい。

2-3 文部科学省による最近5年間のプロジェクトの取り組みにどのようなものがあるか調べなさい。

# 3章

# プログラムマネジメントの概念と理解

この章では、プログラムの構造や体系に焦点をあてながら、プログラムによる価値の創造、プログラムマネジメントの概念、プログラムライフサイクル、およびプロジェクトマネジメントとプログラムマネジメントの関係などを理解することを目指す。さらに、コミュニティの概念について掘り下げ、プログラムデザインとアーキテクチャについても触れる。

## 3.1 プログラムマネジメントの概念

企業や組織は利益の追求や永続的な成長を目指して、経営戦略のもとで行動する。プログラムはその経営戦略を具体的に実現するための手段と言える。

企業では、経営戦略を実現するために効率的に活動できる組織を構築し、企業全体としての目標実現を目指している。既に述べたように、企業の各組織は組織目標を実現するために、継続的に定常業務を遂行している。一方で、ビジネス状況に迅速に対応するために、プロジェクトやプログラムと呼ばれる業務を遂行する。企業活動はこのように、定常業務とプロジェクト業務によって戦略の実現を目指している。

しかし、企業活動に必要な経営資源は限られているため、経営戦略実現のためにプロジェクト間で日常的に資源利用の調整は必要である。そのためプログラムを総合的に管理する考え方が導入されるようになった。そして、大規模プログラムや複合的なプロジェクトを統合的に遂行するために、プログラムマネジメントの概念が不可欠になったのである。このような状況において、プログラムマネジメントは、さらに変化が激しくかつ複雑な問題を解決することも目的としているのである。

## プログラムの類型

企業活動や社会組織にはさまざまな形のプログラムが存在する。その代表的な例を形態別に分類して事例を挙げる（表 3-1）。

プログラムには「オペレーション型プログラム」と「戦略型プログラム」がある（図 3-1）。

オペレーション型プログラムでは、過去に実施したものと同様なプログラム経験が蓄積される。それは関係者間で共有されているプログラムの進め方であり、IT 産業や建設産業に多く見られるものである。その遂行自体を事業とする専門の企業が扱うことが多く、あたかも日々繰り返す定常業務（オペレーション）の

表 3-1 プログラムの類型と事例

| 分類 | タイプ | 類型 | 具体事例 |
|---|---|---|---|
| オペレーション型 | オペレーション | 建設関連 | プラント、発電所、鉄道、空港、市街地再開発など |
| | | 資源関連 | 資料探査、油田、鉱山などの開発や運用など |
| | | IT 関連 | 人事や経理などの基幹系システム※1、生産管理、銀行勘定系システム※2 など |
| 戦略型 | 変革 | 組織改革 | M&A ※3、事業構造改革、リストラクチャリング、組織再編など |
| | | 商品開発 | 大型の新製品サービス、新規素材、医薬品など |
| | 創出 | 新ビジネスモデル | 新規市場（顧客）開拓、新規バリューチェーン※4 構築など |
| | | 研究開発 | 宇宙開発、地球環境関連（大気汚染や水質、防災など） |
| | | 創作活動 | 映画製作、テレビドラマなど |
| | | 社会インフラ | スマートシティ |

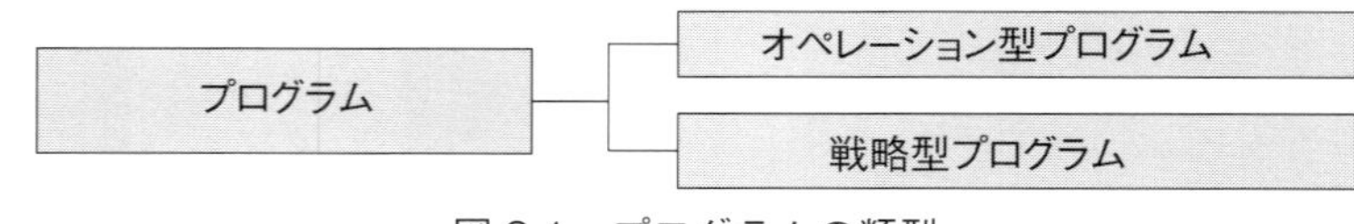


図 3-1　プログラムの類型

※1　企業の業務内容のうち、業務を遂行するために不可欠なものを指す。

※2　情報システムの種類の一つで、銀行などの金融機関で入出金や資金の決済、口座の管理などを行うもの。

※3　Mergers and Acquisitions の略。企業の合併買収のこと。

※4　原材料の調達から製品・サービスが顧客に届くまでの企業活動を、一連の価値(value)の連鎖(chain)としてとらえる考え方。

ように位置づけられている。

戦略型プログラムは、企業や組織にとって初めて経験するものであり、進め方などが全く不明確な状態から開始されるプログラムである。何をすれば適切な戦略的目標と言えるのかを定めるプロセスが重要となり、事業の創出や組織の変革などの目的に応じてさまざまな種類がある。

プログラムの基本属性として、多義性、拡張性、複雑性、不確実性の4つがある（図3-2）。

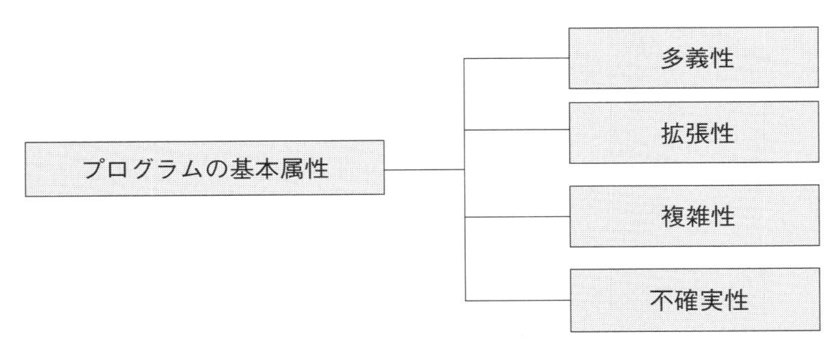


図3-2　プログラムの基本属性

・多義性：プログラムが実現する使命に対し、関係者の多様な問題解決への要求が含まれ、またいろいろな発想が含まれていることをいう。
・拡張性：政治・経済・社会などの多様な要素の組合せから、プログラムの規模、領域、構造が広がることをいう。
・複雑性：プログラムに含まれる複数のプロジェクト間で、境界、結合、プロジェクトライフサイクルが複合することなどで生じる。
・不確実性：実現までの期間が長期にわたり、環境が変化することで生じる。

## 3.2　プログラム＆プロジェクトマネジメントの視点

プログラムは組織の全体使命を実現するための価値創造活動である。プログラムに含まれる個々のプロジェクトや定常業務で、使命を実現して価値を見出すが、プログラムの創造する価値はその構成要素の創造する価値の総和ではなく、もっと大きなものとなる。しかし、プログラムに必要なコストはその構成要素のコストの総和を超えることはない。このことがプログラムの重要な存在意義であるといえる。

$$\Sigma \text{ PROJECT 価値} < \text{PROGRAM 価値}$$

中には金銭的な価値評価ができないプログラムもあり、組織やステークホルダー（stakeholders）※5の価値観に依存した価値指標により評価されることがある。このようなプログラムを全体価値の観点から統合的に管理するのがプログラムマネジメントである。

### プログラムマネジメント

プログラムは前述のように、企業戦略を実現するプログラム使命により、価値創造を実現する活動である。したがって、プログラムマネジメントは、「全体使命を達成するために外部環境の変化に対応しながら、柔軟に組織の遂行能力を適応させる実践的活動である」と定義できる。その活動は、プログラムの要素となるプロジェクトや定常業務の間の整合性を最適化して、全体価値を高める活動であるといえる。

プログラムマネジメントは、プログラム統合マネジメントとそれを実現するためのコミュニティマネジメントから構成される（図 3-3）。

また、プログラムにはライフサイクルがある。全体使命を達成すべく設定されたプログラムのライフサイクルが先にあり、各プロジェクトのライフサイクルはこれに適合して設計されなければならない。

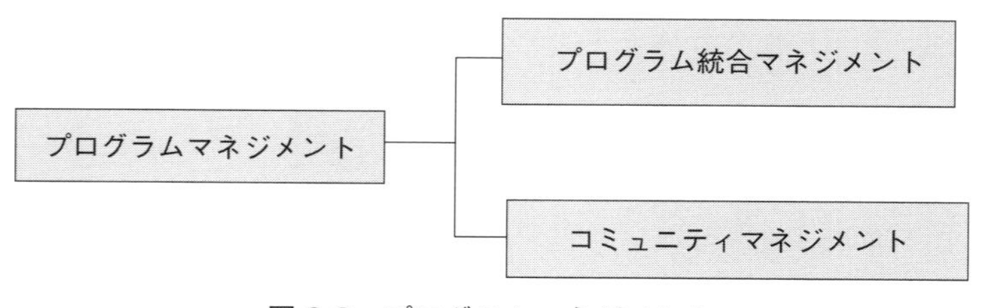


図 3-3　プログラムマネジメント

---

※5　ステークホルダーは特定利害関係者と訳されることが多いが、そこにはプロジェクトに直接的・間接的に関与するさまざまな協働関係者が含まれる。

### プログラムマネジャーの役割

プログラムには「上位組織の戦略とのインターフェース機能」と「下位のプロジェクトをマネジメントする機能」とが包含されている。したがって、プログラムマネジャーは戦略施策を具体的に方向づける役割とプログラムを着実に実行していく役割がある。

つまり、上位組織の戦略の要求から、プログラム使命を導き出し、プログラムに参加する多種多様で個性的な組織や人を統合しつつ、激しい環境変動に適時・適切な対応が可能になるようにすることが必要である。

一方、プロジェクトについては、一般に達成すべき目標が明確に示されており、確実性の高い計画と予算を立案して、その遂行に最も適した組織や人材を選択して、精緻なマネジメントを行い確実に実行することが必要である。

## 3.3　統合マネジメントとプログラムのデザイン

### プログラム統合マネジメント

プログラム統合では、個別の使命を持ち独自に実行されるプロジェクトの価値創造を支援しながら、プログラムの使命達成を実現できるようにプロジェクト群をコントロールする。プログラム統合の役割には次の３つがある。

(1)　プロファイルマネジメントにより、組織の行動の方向性を与えてプログラムシナリオを作成する。
(2)　プログラムアーキテクチャマネジメントにより、プログラムを構造化してプロジェクト群を設計する。
(3)　プログラムの実行段階で、組織のミッションに照らして個別に実施されるプロジェクト群を統合することで、組織の行動に方向性をコントロールする。

プログラム統合マネジメントは、ミッションプロファイリング、アーキテクチャマネジメント、プログラム戦略マネジメント、プログラム実行の統合マネジメント、アセスメントマネジメントから構成される（図3-4）。

プログラム統合マネジメントの活動指針は、ゼロベースの発想、変化柔軟性、知識・情報の共有、価値の確認の４つである（図3-5）。

ミッションプロファイリングは、プログラムの開始時に企業の戦略や現状の問

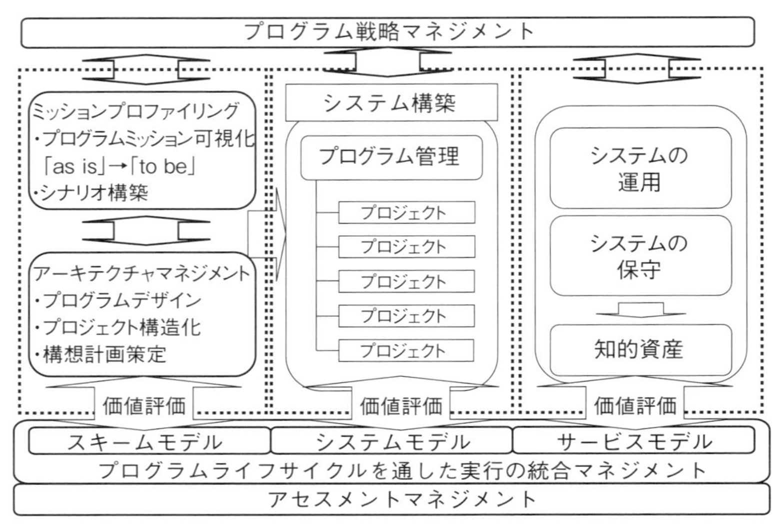


図 3-4 プログラム統合マネジメントの相関図
(P2M 新版(2007 年)図表 3-4-1 参照)

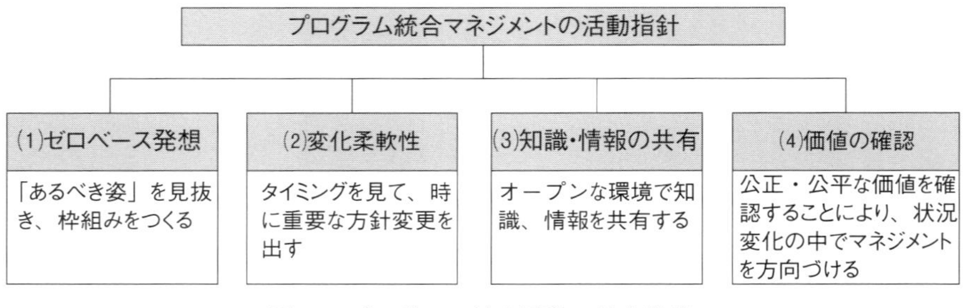


図 3-5 プログラム統合活動の基本指針

題など、複雑な問題を分析して、プログラムのミッションを明確にすることである。進め方として現在の「ありのまま(as-is)」の状況を分析、そこから価値の高い「あるべき姿(to-be)」を追求してミッション(使命)を実現可能なシナリオで表現する(図 3-6)。

アーキテクチャマネジメントは、プログラムを、整合性がとれた個別使命を持つ複数のプロジェクトや定常業務に展開する。個々のプロジェクトの価値創造とともに、プログラム全体としての価値創造も重要である。アーキテクチャマネジメントは、プログラムデザインから構想計画までを含む。

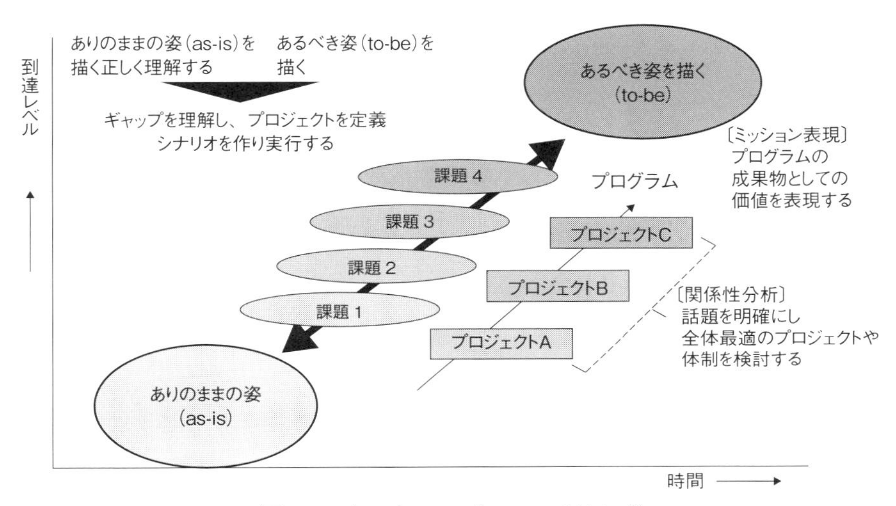


図 3-6　ミッションプロファイリング

## アーキテクチャ

アーキテクチャ（architecture）の目的は、プログラム全体の思想やストーリを実現するための原型設計と運営に関する成果物をつくり出すことである。アーキテクチャは、プログラムの全体効率、全体効果、相乗効果を発揮するためのデザイン構想であり、プログラムの価値を決定する基盤である（図 3-7）。

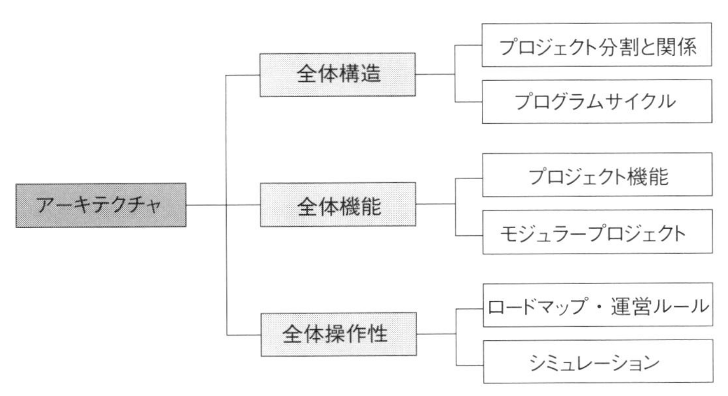


図 3-7　アーキテクチャの構成
（P2M 新版（2007 年）図表 3-4-11 参照）

### プログラムデザイン

プログラムの使命に基づいて革新を自ら具体的に創造するマネジメントである。プログラムライフサイクルに含まれ、定常業務やプロジェクト間の結合や境界を設計することである。プログラムに含まれるプロジェクトは多様であり、価値創造を効果的に進め価値の相乗効果を目指すことが求められている。

プログラムデザインには次のような５つの目標がある。

(1)　シナリオを戦略的にプロセス化すること
(2)　プロジェクトモデルをつくること
(3)　プログラムに構造を与えること
(4)　プログラムの構造に機能をあてはめること
(5)　プログラムが持つ機能に操作性を与えること

### プログラムの基本結合

プログラムは複数のプロジェクトが相互に関連して、一つの使命を達成する。その基本形式には、①逐次型プロジェクト結合、②同期並列型結合、③サイクル型結合の３つがある。

①　逐次型プロジェクト結合(Sequential Project Combination)は、A, B, Cのような複数のプロジェクトが相互に関係を持ちながら、時間経過に従って順次進行する結合である（図 3-8(a))。

②　同期並列型結合(Concurrent Project Combination)は、複数の逐次型プロジェクトを重複しながら同時並列的に進行することにより、開発や生産のリードタイムの短縮、コストの削減などを達成する結合である（図 3-8(b))。

③　サイクル型プロジェクト結合(Cyclic Project Combination)は、スキームモデル（企画・構想)、システムモデル（システム構築)、サービスモデル（システムの運営）の３つのプロジェクトがサイクル的に結合して、さらに次のプログラムとして循環する結合である（図 3-8(c))。

プログラム戦略マネジメントでは、組織戦略を実現するためのプログラムのミッションを最優先と考え、各プロジェクトの価値をプログラム全体最適の視点で管理する。このためにも、プログラムプロファイリングマネジメントやアーキ

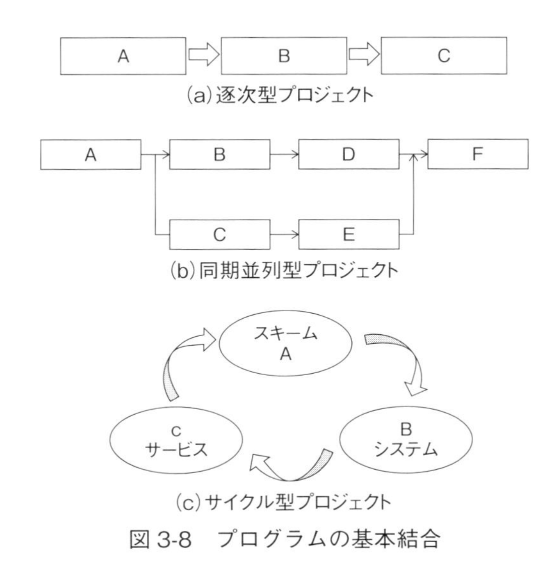


図3-8　プログラムの基本結合

テクチャマネジメントは非常に重要である。

プログラム実行の統合マネジメントとは、目的としたプログラムの価値創造に向けて具体的に価値を生み出しているプロジェクト群を管理することである。このフェーズではプログラムの価値を実現するが、同時にリスクや課題も発生する。このような課題やリスクに対してプログラムマネジャーは、全体最適の視点で実施しなければならない。

アセスメントマネジメントとは、体系的にプログラムの価値を評価することである。プログラムの価値は、金銭だけでなくデザイン、計画、実行、成果の獲得というプログラムライフサイクル全体を通して体系的に評価されなければならない。

## 3.4　コミュニティ

プログラムやプロジェクトにはいろいろな利害関係を持ったステークホルダーが集まっている。ステークホルダーが共通の目的に向かって協調することで、プログラムの新たな価値を生み出すことになる。コミュニティとはこのようなステークホルダーが、新たな価値を生み出すための協働の場である。コミュニティの特徴としては次の6つを挙げることができる。

⑴　コンテキストを全体に共有できるものにする
⑵　プログラム推進に必要な広い視野を持つ人材を登用する
⑶　共通の場をつくり協業を進める
⑷　ネットワーク環境を整え、コミュニケーションの活性化をはかる
⑸　プログラム推進に必要とされる質の高いコンテンツとする
⑹　経験と知恵を集約し、活用する仕組みをつくる

これらの特徴は共通に、人間系、情報系、文系の基盤を持つ。コミュニティマネジメントは、これらの共通基盤にコミュニティの場を準備する活動である。これらの基盤のもとで、コミュニティのコンピテンシー向上や価値基盤の強化を行う。

コミュニティマネジメントは、「コミュニティの設定」と「運営」の2つの役割に大別できる。コミュニティの設定とは使命・目的と方針やルールの徹底・実行・変更に関係することであり、運営とはコミュニティ機能、マネジメントシステム、および外部サービスの接続に関係することである。

**● 3章の演習課題 ●**

3-1　あなたが利用したことがある図書館システムについて、利用者の視点でミッションプロファイリングを実践してみよう。

# 4章

# システムとシステムズマネジメント

前章までに、マネジメント体系の概要について学んだ。この章では、これらの土台であるシステムの概念とシステムズアプローチの基礎的理論を理解することを目指す。

## 4.1 システムの概念的な理解

プロジェクトの計画を遂行する過程で、技術的に解決すべき問題や社会的に解決すべき問題に遭遇することがある。それらの問題解決にあたって、いろいろな方法論（概念的アプローチ、技術的方法、またはツールなど）を利用することができる。しかし中には、問題状況を把握し難いケースや解決の手がかりがつかめないケースなどがあり、当初の想定と異なる任務が発生することもある。このような問題を可能な限り回避することが必要である。

また、プロジェクトマネジメントの活動において人間系が絡む問題が増えている。それらはシステムとして捉えにくい対象であり、同時に科学的な定理で解決しがたい問題である。

システムのモデルを包括的に最適化して問題を解決するために、プロジェクトシステムズマネジメントの考え方があらわれた。プロジェクト全体の枠組みを明らかにした上で対象をシステムとして捉え、システムを構成する要素間の関係を明らかにし、具体的に細部を考察するという考え方である。プロジェクトシステムズマネジメントの概要を図 4-1 に示す。

プロジェクト対象は、科学・技術系と人間活動系とに大別できる。科学・技術系にはプラント系、エンジニアリング系、建築系などのようにハードという実体があるプロジェクトが含まれる。これらに対して人間活動系には、ハードという実体ではなく関係者のコンセンサスをシステム化する企業の業務系、公共システムなどの社会系プロジェクトが含まれる。

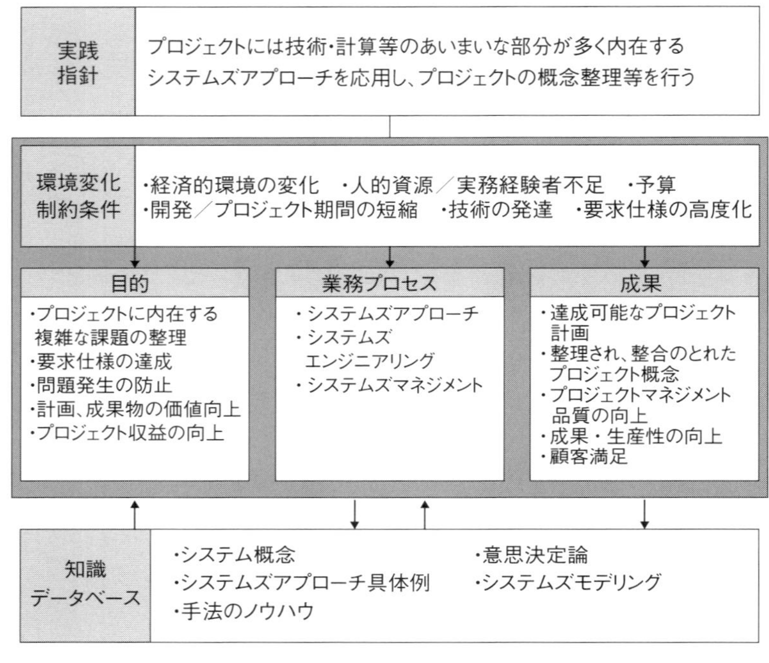


図 4-1　プロジェクトシステムズマネジメントの概要

実体のあるシステム開発手法としては、ハードシステムズアプローチ(Hard Systems Approach: HSA)があり、実体のないものに対する開発手法としてはソフトシステムズアプローチ(Soft Systems Approach: SSA)がある。

## システムとは

「システム」という言葉は日常的にいろいろな場面で使われている。たとえば「情報システム」「防災システム」「社会システム」「自動制御システム」「全自動システム」「航空管制システム」などの類がある。また、個々のシステムはいろいろな部品や要素が集まって全体として何らかの目的を果たしている。

システムはこのように特定の役割や仕組みを持ち、それぞれの目的に適合するいろいろな部品で構成されている。たとえば、コンピュータシステムのように、いくつもの部品が集まって複雑な装置となっているものがあり、生産管理システムのように、ハードウェアやソフトウェアだけでなく、生産活動に必要な人間の業務手順やプロセスを含むものもある。

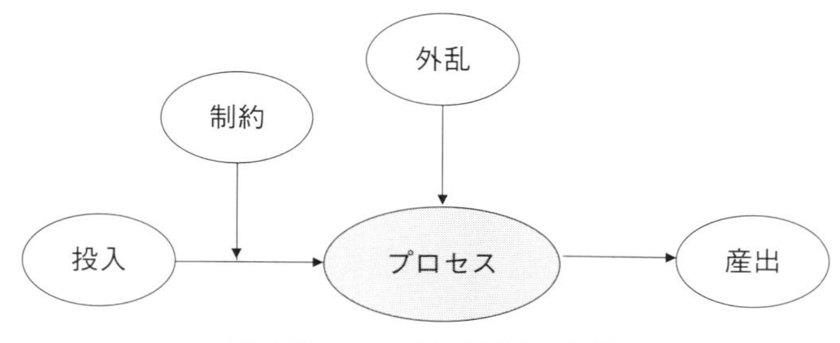


図 4-2　システム環境の全体像

このようなことから、システムは「さまざまな要素の集まりから成り、それらの要素が互いに関係しあい、全体としてある目的を果たすための機能を有するもの」と定義される。そして個々のシステムには、そのシステムの外側と内側の境界が存在する。そこで、システムの機能について「境界の外側から入ってくるインプットをシステム内で処理して、外側にアウトプットすることである」とも定義できる。

システムの外側と内側の間に境界を設定し、その境界を通して「システム外部から内部へのインプット（投入）」と「内部から外部へのアウトプット（産出）」とを位置づけて、問題解決プロセスが機能すると考えている。さらに、プロセスを制約する前提条件（法規制、規格、契約など）、プロセスを取り巻く環境変化などを加えることで、システムの全体像を可視化できる。システム環境を、インプット、制約、プロセス、アウトプット、および外部環境とのインタフェースで可視化したのがシステム環境の全体像（図 4-2）である。

## システムの分類

システムは、物理的な機械装置だけのものから、人の仕事の仕組みで構成されるものまでさまざまである。さらに、人がつくったものではなく、もともと自然界に存在するシステムもある。これらのシステムを大きく自然システム、人工システム、および人間活動システムの３つに分類することができる。

(1)　自然システム

自然システムとは、人間がつくったものではない自然界に存在するシステムのことである。たとえば、人の体の仕組み、生物の食物連鎖、宇宙の構造、あるいは潮の満ち引きなど、多くの事例がある。

(2) 人工システム

人工システムとは、その名のとおり人間がつくり出したシステムである。たとえば、テレビ、冷蔵庫といった小型の家電から、原子力発電所のような大規模プラントシステムまである。また、情報システムのように機械系や人間系の活動を複合的に捉えたシステムも存在する。さらに、法律や企業活動の仕組みのように機械を含めないシステムも存在する。

(3) 人間活動システム

人間活動システムとは、自然システムや人工システムの概念とはかなり違っている。人工システムでは、一度明らかになると「明らかになったこと以外のものはありえない」と考える。これに対して、人間活動システムでは「行為者の知覚の結果が明らかになる」のであって、その意味づけは単一ではありえない。人間活動システムでは、「解釈は、可能な解釈の集合であって、どの解釈にも意味がある」と考える。

社会システム（教育・文化・政治などの諸活動、あるいは社会インフラといわれる公共システムなど）には、コミュニティで生ずる共同体（自然システム）と、人工的な社会のように合理的に結合された連合体（人間活動システム）とがあるが、いずれも人間関係に注目して特徴づけられている。

そこでは、「人間は社会活動から何らかのインプットや影響を受け、逆にまた影響を与えている」と考え、これらの仕組みを人間活動システムとして認識している。

## 4.2 システムズアプローチ

システム概念に基づくシステム思考のアプローチとして、概念的な問題解決型のシステムズアプローチがある。システムズアプローチとは、ある問題を解決するのに、システムの概念を用いながら体系的にアプローチする方法である。具体的には、ある問題を特定･定義し、関連する全ての要素を体系的に考慮しながら、全体として最適な案を導く思考方法であるといえる。

システムズアプローチは、次の3つの手法に分けることができる。

(1)　システムズエンジニアリング(systems engineering)
プロジェクトの課題をシステムとして捉えて記述し、各要素を関係づけながらシステムを実現し、それが期待どおりのものであるかを確認するというプロセスにしたがう。

(2)　システムズアナリシス(systems analysis)
提案されたシステムを分析し、何をすればよいか、どうすれば必要な事柄を最適に実行できるかなどを調べ、複数の代替案からよりよい選択をするための分析的なプロセスをとる。

(3)　システムズマネジメント(systems management)
システムズアナリシスで選択し、システムズエンジニアリングで設計・制作したものを実現するまでの管理運用事項一切を取り扱う活動である。

手法については、以後の節で順次扱う。

### システムズアプローチの適用

システムズアプローチの適用にあたっては、システムの特徴について理解しておくことが重要である。ここでは、主な特徴として次の4つを取り上げる。

(1)　システムとは認識されるもの
システムはその境界の外からどのように認識するかによって定義される。人工の機器などでは誰もが同じように認識できるシステムが多いが、自然界のシステムや人の活動を含んだようなシステムは、認識が人によって違う場合もある。このため、システムは外から認識されるものであるといえる。

(2)　システムは階層性と創発性を持つ
全体としてのシステムを複数の部分システムで組み合わせて階層的に表現できる。このとき、部分システムのそれぞれがつくり出すアウトプットの総和がシステム全体のアウトプットになるとは限らない。複数の部分システムが組み合わされて全体システムになることで、全体システムは個々の部分システムの総和以上のアウトプットを出すものである。このとき生み出される差分のアウトプットを創発性という。

⑶　システムはコミュニケーションとコントロールを持つ

システムがその目的を達成するためには各要素をうまく関連させながらコントロールする必要がある。そのコントロールをうまく実現するにはコミュニケーションが重要になる。特に人間活動系のシステムはコミュニケーションが重要とされる。各人がバラバラな活動をする社会や、自律分散型の装置を組み合わせたシステムにおいても、全体システムの目的を果たすためには何らかのコントロールが必要である。

⑷　システムは自己組織性を持つ

システムはその境界の外とのコミュニケーションを図る中で、外部環境の変化に合わせて内部構造を変化させることがある。これをシステムの自己組織性と呼ぶ。

## システムズアプローチとプロジェクト

システムズアプローチをプロジェクト活動に適用することで、プロジェクトを効果的に進め、高い品質の成果物を得ることができる。このとき、プロジェクト活動を「顧客サービスシステム層」「製品システム層」「プロジェクトシステム層」に分割することで、システムズアプローチの考え方が適用しやすくなる。

これら3つの層の概要は次の通りである。

⑴　顧客サービスシステム層（サービス提供の視点）

プロジェクトが完成させる成果物を、利用者が何のためにどのように使うかという視点でシステムを捉えることができる。この場合、プロジェクトの目的を、そのプロジェクトで完成させるプロダクト（成果物）の目的にまで拡大して考えることになる。

⑵　製品システム層（プロジェクト成果物の視点）

これは、プロジェクトで完成させるプロダクト（成果物）をシステムとみなしてモデル化する考え方である。新製品開発プロジェクトであれば、新製品そのものがシステムである。プロジェクト活動でプロダクト仕様が明確でない場合には概要レベルで記述し、段階的に詳細化する。

⑶　プロジェクトシステム層（プロジェクトの仕組みの視点）

これはプロジェクト活動そのものをシステムと捉えるものである。プロジェクトの各要素を定義し、システムズアプローチによってプロジェクトを実行することで、最終的な顧客サービスや成果物を提供する。

## 4.3　システムズエンジニアリング

システムズエンジニアリングとは、システムズアプローチによって考えられた案に基づき、システムの各要素が最大限機能するように諸技術を組み立てることである。通常は人工システムに対して適用される。

システムズエンジニアリングの最大の目的は、曖昧で何をすべきかわからない状況で、問題を明らかにして解決案をシステムの各要素に落とし込むことである。

システムズエンジニアリングはプロジェクトライフサイクルに合わせてフェーズに分けることができる。A.D. ホール（Arthur D. Hall）はシステムズエンジニアリングを次のように５つのフェーズに分けて、プロジェクトライフサイクルに対応させている。

・フェーズ１：調査研究（プログラム計画）

概念構想を固めるフェーズで、プログラムの基本構想を策定する。問題解決のためには１つのプロジェクトだけでは難しい場合があり、複数のプロジェクトに分割する計画も立てる。

・フェーズ２：探求計画（プロジェクト計画Ⅰ）

システム構想を定義するフェーズである。前のフェーズで作成したプログラム計画に基づいて、具体的なプロジェクトを立ち上げる。このフェーズはプロジェクトに求められる解決案を定義するフェーズともいえる。

・フェーズ３：開発計画（プロジェクト計画Ⅱ）

詳細なプロジェクト実行計画を作成するフェーズである。具体的にどう進めるかという観点からプロジェクトの設計を行う。実行のための計画は詳細に行い、具体的なスケジュールや要員計画も作成する。

・フェーズ４：開発（実行Ⅰ）

システム開発を実行し評価するフェーズである。このフェーズはシステムエンジニアの仕事ではなく、開発チームの仕事といえる。システム工学の立場では、要求事項が実現されているかという視点で開発をモニターし評価する。

・フェーズ5：カレントエンジニアリング（実行Ⅱ）
構築したシステムを本稼動させ、運用しながら改善を重ねるフェーズである。プロジェクトの目標はこのフェーズで達成される。

### システムズエンジニアリングのプロセス

システムズエンジニアリングでは、問題解決のモデルとして「問題の設定」「目的の定義」「システム合成」「システム解析」「最良システム選択」および「行動計画の作成」の6つのプロセスで記述している。これらのプロセスが、システムズエンジニアリングの各フェーズでサブシステムとして繰り返されるという考え方である（図4-3）。

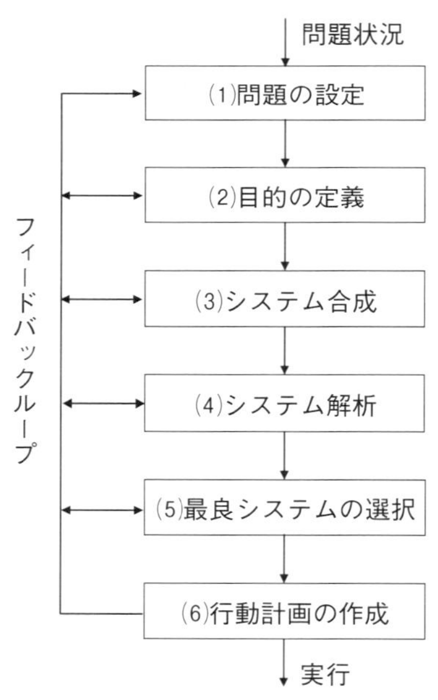


図4-3　問題解決のモデル

(1)　問題の設定
問題を問題として認知し、解決の必要性を社会や関係者が認めることが重要である。ここでは、問題の原因や解決可能性などについては触れず、純粋に問題は何かを整理し認識する。

(2)　目的の定義
認識した問題に基づいて解決すべきシステムの目的を考え、プロジェクトが達成すべき目的を定義する。

(3)　システム合成
システム合成とは、入手可能な資源を組み立ててシステム案をつくることである。具体的なシステム構造をイメージすることで、システムの実現可能性を判断することができる。合成にあたってはトップダウンで進める方法と、ボトムアップで進める方法とがある。前者では、目的は維持されるが、内部に矛盾が組み込まれることが多い。後者では、一つひとつの要素は実現されるが、全体の目的から外れた案になってしまう恐れがある。

(4)　システム解析
システム解析とは、システム合成で仮説として出されたシステム案と構成要素の特性を調べ、目的に合致するかを解析することである。システム合成を担当したチームとは別のチームで行うことが望ましい。

(5)　最良システムの選択
いくつかのシステム案について、どの代替案が優れているかを評価するプロセスである。代替案がない場合や、システム合成の中で代替案を考慮しながらシステムを選択している場合もある。その場合でも、代替案がないか、あるならば既に却下された代替案はどうであったかなどを見直すことが望ましい。

(6)　行動計画の作成
これまでの問題解決プロセスの結果をまとめ、最終的な行動計画を作成する。この計画は、次のフェーズのインプットとして受け継がれる。

## 4.4　システムズアナリシス

4.2節で述べたように、システムズアナリシスでは、提案されたシステムを分析し、何をすればよいか、どうすれば必要な事柄を最適に実行できるかなどを調べ、複数の代替案からよりよい選択をするための分析的なプロセスをとる。
システムズアプローチのシステム選択段階を対象とするシステムズアナリシスは、システムズエンジニアリングの補助的な役割を持つ。

### 人間活動の分析方法

システムズアプローチによる議論では、問題の性格によって処理する方法が異なるという見方がある。たとえば「何をすべきか(What)」という目的が与えられているとき、「どう実現するのか(How)」という問いに解答する処理方法（たとえば、システムズアナリシス、オペレーションズリサーチ(Operations Research : OR)、経営科学、システム工学などで処理する方法）を「ハードシステムズアプローチ」と呼ぶ。

一方で、工学では解決しにくい曖昧な性格の問題がある。たとえば、人間活動や社会システムでは、ステークホルダーが多数であったり、利害・損得が複雑に対立したりするなどで、価値観の異なる関係者間の合意形成や目的設定が難しいケースがかなり存在する。このような場合の処理方法を「ソフトシステムズアプローチ」と呼ぶ。ソフトシステムズアプローチは、あるべき姿や問題が曖昧で混沌とした状況において、異なる考えを持つ者同士が議論を重ねてお互いの考えを共存させ、妥協点を探るプロセスと捉えることができる。たとえば、ソフトシステムズ方法論(Soft Systems Methodology: SSM)などがある。

### ソフトシステムズ方法論(SSM)

ピーター・チェックランド(Peter B. Checkland)は、著書“Systems Thinking, Systems Practice”※1を1981年に出版し、さらに10年後の1990年に“Soft Systems methodology in Action”※2を出版している。

これらによると、チェックランドは「システムズエンジニアリングの方法を拡張し、それを経営問題に適用するためにアクションリサーチを実施した。しかし、システムズエンジニアリングの手法類は経営問題に対処できないことから、システム的探索プロセスとしてSSMを開発した」と述べている。

SSMは方法志向ではなく、問題状況志向のアプローチであり、そのためにさまざまな状況に合わせて柔軟に活用できる。それは現実に密着したたくさんの実

※1　高原・中野監訳『新しいシステムアプローチ』（オーム社、1985)として邦訳されている。
※2　妹尾堅一郎監訳『ソフト・システムズ方法論』（有斐閣、1994)として邦訳されている。

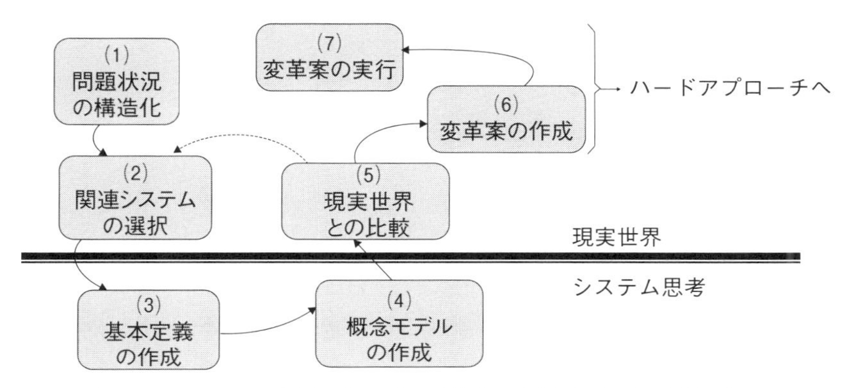


図 4-4　SSM の概念活動モデル（巻末参考資料〔17〕を編集）

践を裏づけとした、人間活動システムのマネジメントの方法論であるといえる。

SSM は「社会的状況の意味は立場によって異なる」ということを基本前提としており、多様な価値観が複雑に絡み合った状態の中から、意味を探索するアプローチとして開発された。アコモデーション（accommodation）※3 をキーワードとしているが、そこには「単なる立場や価値観の統一を求めず、違いは違いのまま、互いに相手に合わせて調整しあって合意に近づこう」という思いが込められている。

SSM の概念として、(1)構造化されていない問題状況、(2)問題状況の表現、(3)関連する意図的活動システムの基本定義、(4)基本定義に基づく概念的活動モデル、(5)モデルと現実世界の比較、(6)実行可能で望ましい変革案、(7)変革案の実行の 7 つのステージモデル（状況によって変化する）が示されている（図 4-4）。

ステージ(1)、(2)、(5)、(6)、(7)は現実世界内での活動であり、(3)、(4)はシステム思考レベルの活動である。プロセスは(1)〜(7)へと推移するが、(5)の比較において変革案が導けない場合には(2)に移行して手順を繰り返すとよい。

SSM の活動では、この 7 つのステージを用いて、同じ環境での問題に繰り返し取り組む。その際、自ら経験した現実に対して意味を与え、意図的に行動する。つまり、人間は経験で得た知識と関連づけて意図的行為（purposeful action）を行うのである。したがって、情報システムの決定要因は、人間の経験に基づいた知識であると言える。それは、公的に共有されている知識であったり、個人的な経

※3　内山研一は、アコモデーションについて、「アクチュアリティ（actuality：思い）を共有した上での個人の異なった世界観の同居」と表現している。

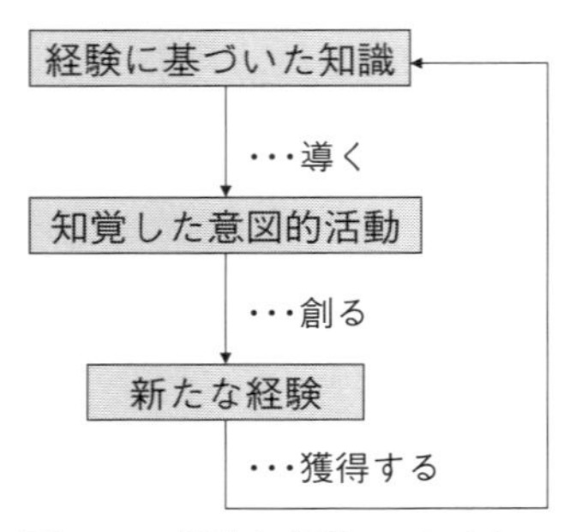


図 4-5　経験と行為のサイクル

験に基づいた知識であったりする。知識を獲得することを図 4-5 のような「経験と行為のサイクル」で示すことができる。

経験に基づいた知識から意図的な行為が導かれ、それが新たな経験となってサイクルの中味が少しずつ変化しながら繰り返される。経験と行為のサイクルは、SSM の概念活動モデルにおける(1)から(7)までのステージが実行されたあとも、特定の期間を経て繰り返される。この期間は当該情報システム（業務システム、人間活動システムなど）に依存する。

## 4.5　システムズマネジメント

システムズマネジメントは、システムズアナリシスからシステムズエンジニアリングの製作・実用化までの管理運用業務一切を取り扱う活動である。

システムズアプローチでは、プロジェクトの提供するサービスやプロジェクトの成果物だけでなく、プロジェクト活動そのものもシステムとして捉える。すなわち、システムズマネジメントはプロジェクトマネジメントも含めた総括的な管理業務を含んでいる。

システムズマネジメントでは、システムを構成する要素や要素間の関係を把握し、変更を管理することが重要である。これらのシステム構造の管理には次のような 5 つの活動が存在する。

(1)　構成管理

システムを構成する要素間の関係を把握し、システム全体の構成を把握する。

(2)　進捗管理

システムを構成する要素や要素間の関係について、それぞれの状態を把握しプロジェクト全体の進捗状況を知る。

(3)　変更管理

プロジェクトの進行過程で、環境変化やステークホルダーの要請、あるいは技術的な理由などにより発生するシステムの変更を管理する。

(4)　システム間調整

複数のプロジェクト間に何らかの関係がある場合、プロジェクトそのものをシステムとして捉え、システム間の関係を調整する必要がある。これらの調整機能も、システムの構造の管理の一つである。

(5)　プログラムマネジメントへの提言

単一のプロジェクト内に複数のシステムが存在したり、一つのプロジェクトでは解決できない課題が発生したりする場合には、上位のプログラムマネジャーへ提言を行う。

**システム環境の整備**

システムには外部との境界があり、外部からの入力や制約をもとに、各機能要素がある目的を果たし、その結果を外部に出力する。したがって、外部環境の変化を受けることになる。システムを潤滑に稼動させるためには外部環境の整備が重要になる。

たとえば、自動車というシステムは舗装されていない道や狭い道では十分な性能が発揮できないし、ガソリンが切れてしまうと止まってしまう。自動車をうまく機能させるためには、道路の舗装や交通環境の整備、さらにはガソリンスタンドなどの整備も重要になる。このような環境の問題をより少なくするためには、外部環境も含めた情報の管理が重要であり、情報マネジメントシステムの有効利用が求められる。

しかし、実社会では、必ずしも知識や理論で説明できていないものがある。たとえば、自転車に乗る能力などは知識や理論で説明できるものではなく、練習によって身につくものである。一度身についた能力は、理論的な考えはなくとも継続する。このような能力は暗黙知と呼ばれている。これに対して知識や理論で説明できる能力は形式知と呼ばれている。

システムズマネジメントを行うためのシステムの各要素には、暗黙知ではなく形式知が必要である。暗黙知は可能な限り形式知に置き換えてシステムを構成しなければ、システムが不安定になる。

システムズマネジメントをプロジェクトに適用する場合も同様であり、プロジェクトマネジャーやメンバーの不確実な暗黙知に頼るプロジェクトは目標達成が難しくなる。できる限り形式知で構成されたシステムを構築すべきである。

## ● ４章の演習課題 ●

4-1　われわれの生活環境には、社会のインフラといわれる人工システムがいろいろある。その中には、自然災害によって多大な影響を受けるものが少なくない。日ごろ気になっている問題状況を取り上げて、利用者の立場からどう改善したらよいかを考え、問題解決の可能性ついて分析してみよう。解決にあたって、たとえば図 4-3 などが参考になる。

# 第2部

# 実務から学ぶ プロジェクトの本質と理論

## （Stepへの扉）

プロジェクトを学ぶ準備ができたところで、プロジェクトの本質理解へと踏み出す。ここでは、わかりやすい事例を取り入れてプロジェクトのいろいろな側面を紹介する。現実フィールドで遂行されているさまざまなプロジェクトに目を向け、実務に適用できる能力を身につける第一歩としたい。

# 5章

# プロジェクトの資源の確保

プロジェクトの資源は、プロジェクトが成功するための土台になることを認識し、資源に関する基本的な概念について理解することを目的とする。資源は有限である。そこで、プロジェクト全体の管理のもとに、適切な資源を適切な時期に確保するとはどういうことかについて学ぶ。
この章ではプロジェクト資源の制約性、相互関係性、再資源性に着目する。

## 5.1　プロジェクト資源とは

ここでは、それぞれの資源の特徴を列挙する。

### プロジェクト資源の構成

プロジェクトを構成する資源は次の6つにまとめることができる。

(1)　人的資源（組織内外のプロジェクト要員、役務請負など）
プロジェクトの立ち上げに際して重要なのが要員の確保である。要員を自組織内から確保する場合と協力会社などから確保する場合がある。外部から調達する方法として、技術者の派遣や技術導入、要員の派遣や役務請負などがある。

(2)　物的資源（材料・部品・原料などの資材、作業場所、機材・ハードウェア・ソフトウェア、およびエンジニアリング環境など）
物的資源は、プロジェクトが所属する組織の外から調達する。図5-1は調達プロセスを示し、図5-2は調達計画（調達の計画から業者選定まで）を示している。このプロセスで重要なことは、何を内製し何を外注するかを決めること、外注する作業内容を明確にすること、外注業者の見積もりの妥当

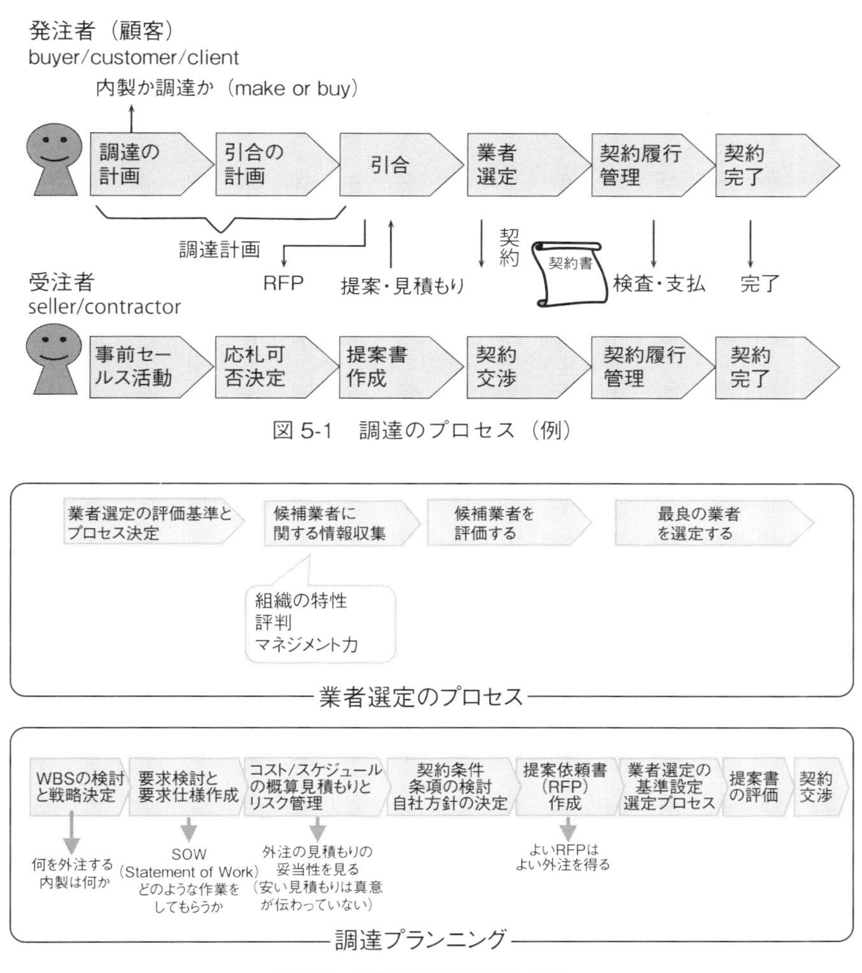

図 5-1　調達のプロセス（例）


図 5-2　調達計画の手順（例）

性を評価できること、よい提案依頼書(Request for Proposal: RFP)を作成すること※1、業者選定基準とプロセスが明確であることなどである。

※1　よい提案書を求めるには、RFP にプロジェクトの目標、技術上の要求事項、事務管理上の情報、コスト条件、参照文書、求める成果物、提案書の様式、提出と採択予定日が必ず含まれていなければならない。

(3) 金融資源（資本や資金の調達を可能にする源泉・手段など）

組織を健全に運営するには資金が必要である。資金調達はプロジェクトに大きな影響を与え、その存続（中止、中断、縮小など）を決定づける要素となる。このため、金融資源はプロジェクトのニーズとシーズを結合させる手段であるといえる。企業における資金調達は、公共機関における資金調達方法と違い、株主資本※2と負債※3の方法が考えられる。

(4) 情報資源（意思決定や知識形成に必要な判断材料、状況、およびデータなど）

プロジェクト資源を投入して成果物を獲得する創造的な調整活動のプロセスで、新たな情報や知識を獲得できる。また、経験を通してスキルを高め、再資源化を図ることができる。情報資源は知識マネジメントと密接な関係があり、無形資産としての価値が高い。たとえば、プロジェクトの情報などは蓄積して共有化することが必要である。

(5) 知的資源（知的所有権、組織内の知識や技術、コア技術、およびサービスなど）

知的資産は、情報資源と知的資源の融合によって形成される。知的資産には、再生可能な知的資源として地理的距離と文化的空間、さらには時間の壁を越えてプロジェクトの生産性を向上させる効果がある。知的所有権には、特許、実用新案、商標、著作権、ノウハウ、知識、およびブランドなどが含まれる。

(6) 基盤資源（経営上の基幹となるシステム、ネットワークを含むサービスなど）

基幹となるシステムとして、経理システムなどの組織内システム、設計・開発ツール、プロジェクトマネジメント情報システムなどがある。さらに、基盤には、法制度、ネットワーク、道路などの制度的な社会基盤から獲得できるサービス資源もある。これらはいずれも基盤資源といえる。

**プロジェクトマネジメントのサイクルと調達のプロセス**

プロジェクトでは、プロジェクト資源を使ってプロジェクトの目的を達成する。また、成果物の目標を達成するためにQCDに注目してPDCA※4サイクルをま

---

※2 株主資本：資本金、法定準備金、剰余金を含み、株主に帰属する持分である。
※3 負債：企業が株主以外の外部者に対して負う債務の総称で、外部資本と呼ばれる。
※4 PDCA：Plan（計画）、Do（実行）、Check（評価）、Act（改善）を略していう。

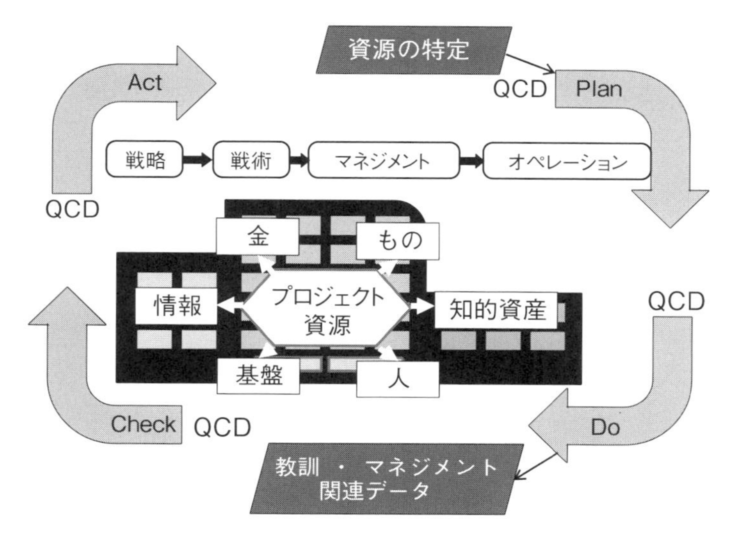


図 5-3　プロジェクトマネジメントのサイクルと資源

わす。図 5-3 はプロジェクトの資源とプロジェクトマネジメントのサイクルの関係を示す。プロジェクトに必要な資源を特定するタイミングは、プロジェクトの計画段階で WBS(Work Breakdown Structure)が類似するプロジェクトで得られた教訓やマネジメントデータを参考にする。

## 5.2　プロジェクト資源の管理

プロジェクトにとって重要な資源は適切に管理することが必要である。5.1 節で述べた 6 つの資源のどれが欠けてもプロジェクトは機能しない。

必要な資源に関する計画、資源の確保や再資源化は、他のマネジメントと同様、一つのプロセスサイクルになっている。プロジェクトに必要な資源を特定し、それを確保するための計画を策定し、計画に基づいて実施し、そのチェックを行って、改善の必要があれば対策を講じるのが、資源マネジメントのサイクルである。

プロジェクトの遂行過程で新たな価値を生む資源が得られた場合には、それを再資源化し、内部資源として蓄積する。このサイクルは特定のプロジェクトの範囲を超えて、組織全体のサイクルとなる。資源マネジメントのプロセスサイクルを、図 5-4 に示す。

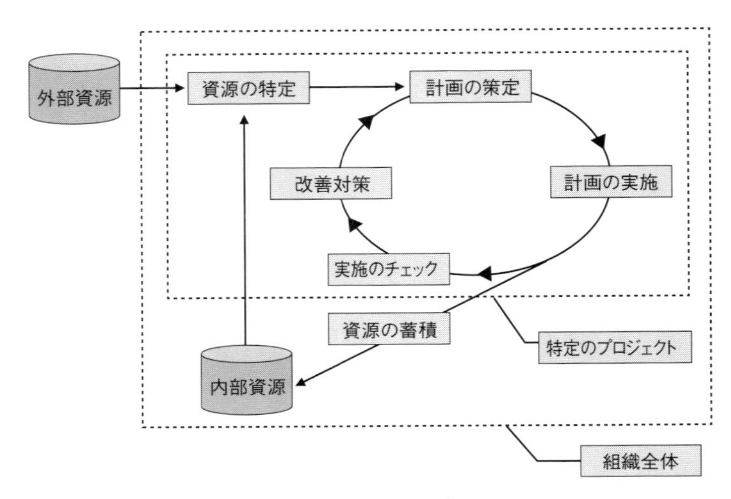


図 5-4　資源マネジメントのプロセスサイクル

**資源の調達**

資源の調達においては、「契約管理」「品質管理」「納期管理」、および「予算管理」を行う。

契約管理では、法令を遵守することが必須であるため、プロジェクトマネジャーは、組織の法務部門や経理部門と連携して、入札段階から常時、関係する法令のチェックを受ける必要がある。その上で外注先業者は「契約に則り、適切に業務を遂行し、成果物が契約書に記載されている事項を満足するか」を管理する。また、成果物に対して、契約書に記載されている対価を支払う。

品質管理では、契約書に記載されている成果物に品質上の問題がないかを管理する。そのためには、モニター可能な品質の基準を定めておかなければならない。

納期管理では、プロジェクトのスケジュール管理と密接に関係している。たとえば、調達物の納期に関する情報収集を定期的に行い、外注業者の進捗を把握する必要がある。納期遅延が予想される場合は、関係者と遅滞なく調整を行わなければならない。

予算管理では、プロジェクトの全行程にわたり、外部環境と内部環境の変化に対応して管理を行う。

物的資源は消費されてなくなるか、あるいは形を変えて別の用途に活用される。情報、技術、知識などの資源をプロジェクト遂行のために使用することによって幅が広がり、技術的な内容も深まる。また、得られた成果を次のプロジェクトに引き継ぐことによって、利用価値が高まるからである。再資源化においては、データベースにすれば一元管理ができ、ネットワークを通して多くのメンバーが活用可能となる。

## 5.3　プロジェクトの予算管理

プロジェクトの予算を算出する基本は、WBSで展開されたワークパッケージ(Work Package: WP)を実現するために必要とする費用を積み上げること、同時にリスクの緩和措置に対処する稼働を見積もることである。見積もったコストをスケジュールと整合させて予算を立て、プロジェクトベースラインを作成する(図5-5)。この過程で留意することは次の7つである。

(1)　プロジェクトスコープの作成過程で顧客要求を明確にして成果物が何であるかを決めること
(2)　見積もりの制約、前提条件を検討すること
(3)　不明確な条件を解明すること
(4)　見積もりを業界の標準に照らし合わせて比較すること
(5)　見積もり方法の妥当性を判断し、必要に応じ異なる見積もり手法で検証する

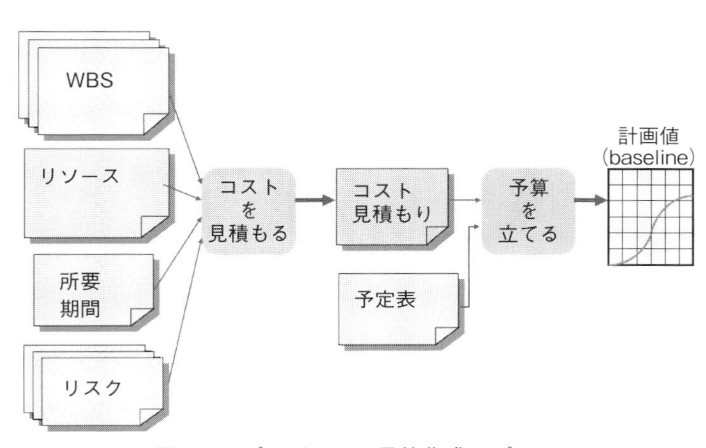


図5-5　プロジェクト予算作成のプロセス

こと

(6) コストがかさむ項目に焦点をあてること

(7) リスクを顕在化し、定量的にコンティンジェンシー(contingency)※5 を見積ること

## プロジェクトのコスト構造

プロジェクトのコストのイメージを図 5-6 のように表現できる。

プロジェクトのコスト管理では、いろいろなコスト区分が適用される。これらの区分は業種の会計手順によって異なるため予め明確にしておく必要がある。

一般的によく使われる区分として、直接費と間接費がある。直接費とは、特定のプロジェクトが負担するコストで当該事業に使用される材料、要員の人件費、外注業者へのコストなどがある。間接費には、交通費・通信費・印刷費等の当該事業で発生するコストのプロジェクト間接費と、事業全体で共通にかかる一般間接費があり、光熱費、福利厚生、保険、税金などをいう。一般管理費とか本社費といわれる場合もある。

コントロールアカウント(CAP)は、コンティンジェンシー予備費を含み、実績測定し評価する場合の基本単位で実績測定ベースラインとなる。一つのコント

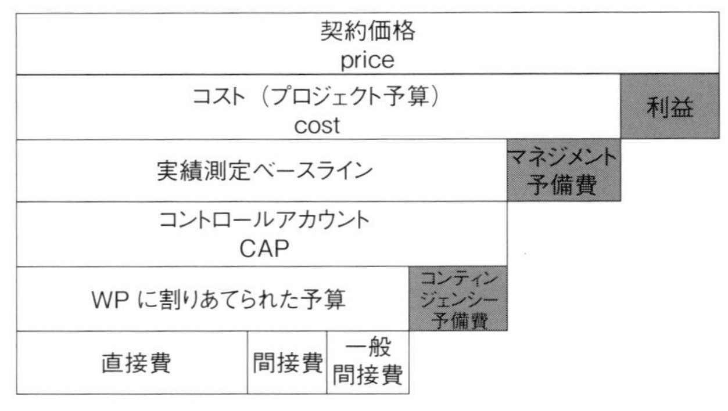

図 5-6 プロジェクトのコスト構造

※5 コンティンジェンシー（contingency）：発生する可能性はあるが不確定であるため、現時点では定量化が困難な潜在化コストに備えるために、プロジェクト予算上に設けられたリスク対応予備費。

ロールアカウントに対して複数のワークパッケージ(WP)を対応させ、プロジェクトの要求などにより管理単位を管理可能な範囲で決めるものである。

予備費は、コスト超過やスケジュール遅延のリスクに対処するための費用である。予備費には個々のリスク対応策としてコスト管理の基準となるコスト・ベースラインに含まれる「コンティンジェンシー予備費」と、マネジメント上でコスト・ベースラインには含めないがスコープ内の不確定要素に備える「マネジメント予備費」がある。ただし、この「マネジメント予備費」を使うには上位者の承認によるベースラインの変更手続きが必要である。

また、変動コストと固定コストに区分する場合もある。変動コストは、プロジェクトの規模によって直接増減する費用であり、人件費や資材や消耗品などが該当する。固定コストにはプロジェクトの規模に影響を受けない生産ラインの設備費や事務所の賃貸費などが該当する。

大規模情報システム開発においては、システム開発会社が納入するシステムのソフトウェアやハードウェアを事前に取得することがある。それらの設備の固定資産に係る費用として、固定資産の減価償却がある。固定資産の取得価格を一定の計算にしたがって、各期の費用に計上していくと共に、資産価値をそれだけ減らしていく手続きである。計算方法には、定額法と加速減価償却法がある。そのほか、固定資産税が発生する場合があるので契約の中で負担方法を取り決めておく必要がある。

## ●　5章の演習課題　●

5-1　あなたは地域活性化のアイデア募集に応募しようと考えている。友人と相談して、若者たちの知恵とパワーを発揮するイベントを企画しようということになった。このイベントを成功させるために、プロジェクトの立ち上げで検討すべき資源の具体的な項目を整理しよう。

# 6章

# プロジェクトの組織と管理

プロジェクトでは、共通の目的を持った複数の個人、チーム、部門、企業、および団体などが協力して価値創造の活動を行う。プロジェクトを成功させるための鍵は、プロジェクトの目標を達成できる組織をいかに形成するかである。この章では、プロジェクトの組織づくりとマネジメントについて考える。

## 6.1　組織の形成

「組織」とは何か。単に人が大勢集まっているだけでは、組織とは呼べない。そこにいる人と人の間に共通するつながりがなければならない。共通するつながりは、何かを成し遂げたいという「思い」や、実現しようとしている「目的」である。思いや目的のために、複数の人が集まって、何か行うときにそれが組織になる。

社会にはさまざまな組織がある。たとえば、学校やサークル、サッカーチームやオーケストラ、企業などである。一人ではできないことを組織は成し遂げる。一方で、集団で何かを行う以上、そこに何らかの取り決めが必要になる。各自が勝手気ままに動くだけでは、目的は達成できない。

組織には、「目指す共通の目的」と、複数のメンバーが共に行動するための「取り決め」が必要である。目的は組織によって異なる。目的と組織のルール、目的実現のための行動が、組織には必要である。目的を実現するためにメンバーが集まり、それぞれが必要な役割を担い、共通のルールに基づいて行動することで組織は成り立つ。

## 6.2　組織はどのようにつくられるか

新入生歓迎会プロジェクトチームを例として、組織はどのようにつくられるのかについて考えてみよう。

事例 6-1　あなたが所属する大学のサークルで、新入生歓迎会を実施する。

そこであなたが、その会の責任者＝幹事長に任命された。あなたの役割は歓迎会を企画・開催し、成功させることである。開催の目的は、新入生と先輩部員が交流しお互いが知り合うことや、新入生に「このサークルに参加したい」という気持ちを抱かせてサークルに定着させることなど、より具体的な内容が考えられる。目的によって、選択する店や予算、当日のイベントの内容も変わってくる。

あなたのサークルは人数が多く、歓迎会が一大イベントであるため、企画や会計、お店との交渉、および OB やメンバーへの連絡など、さまざまな役割を複数のメンバーで分担する。新入生歓迎会を成功させるための組織（＝新入生歓迎会プロジェクトチーム）である。

幹事長であるあなたは、歓迎会を成功させるために必要な手順と作業内容を決めて、それぞれのメンバーに役割を与える。同時に、予算規模はどの程度か、何を重視し、どんな雰囲気の会とするのか、全体の方針をメンバー全員で共有する必要がある。イベント内容や開催場所をメンバーそれぞれが勝手に決めていくと、全体がちぐはぐになってしまうからである。

あなたは当日までの予定を示し、メンバーと確認しながら準備を進めていく。時にはメンバー同士の異なる意見を調整することもある。プロジェクトは歓迎会が終われば解散となる。その前にプロジェクトに参加したメンバー同士で、準備と実施でうまくいった点や反省点をまとめ次回につなぐことが大事である。

事例 6-1 のシナリオのように、ある目標を達成するために、期間を限定して一時的につくられる組織を「プロジェクト組織」という。一方で、プロジェクトの期間に依存せず、継続的に設けられている組織を「定常的組織」という。いずれの組織も何らかの目的を実現するためにつくられる。

## 6.3　組織の構造

ここでは、代表的な組織の構造を見ていく。組織の構造を考える上でポイントとなるのは、機能の分化である。組織には目的を達成するためにさまざまな機能が存在する。たとえば、車やテレビ等、製品を製造して販売する企業の場合には、製品を開発する、製造する、販売する、という複数の機能がある。また、A 商品、B 商品、C 商品等という商品の種類ごとに、開発、製造、および販売等の機能がある。

組織の基本形には、機能中心につくる機能別組織と、商品別に分けて組織化する事業部制組織がある。

**機能別組織**

「機能別組織」とは、業務の内容によって開発部門、製造部門、販売部門、経理部門、および人事部門のように、組織が分化する組織形態のことである（図 6-1）。

19 世紀後半、輸送技術の進歩と大量生産方式が実現した。これによって、企業の生産規模は大きくなり、巨大企業化していった。

こうして企業の規模が大きくなるとともに、製品の企画から開発、製造、および販売という一連の業務プロセスを担う個別の組織と、財務や人事、法務といった企業を運営していくための組織に分かれて発展していった。それが機能別組織で、専門領域が明確になっている点が特徴である。

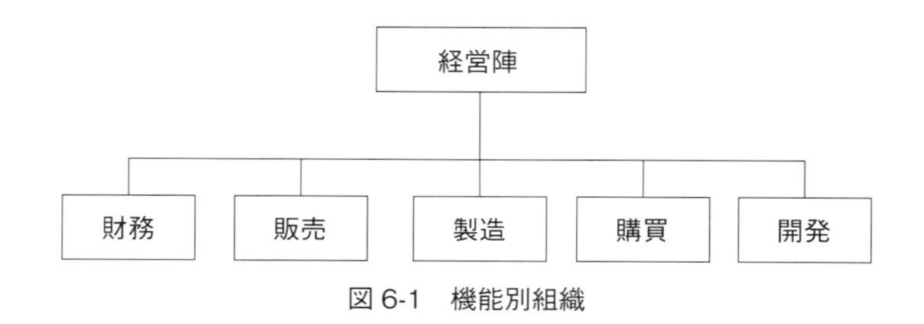


図 6-1　機能別組織

**事業部制組織**

「事業部制組織」は、製品ごとに開発から生産・販売までを単独の事業として自己完結し展開できる形態の組織である（図 6-2）。

第一次世界大戦後のさらなる経済的急成長により、米国の大企業では従来の製品の大量生産・大量販売に加えて、事業の多角化がなされた。事業の多角化とは、新たな製品で新市場を開拓し、事業の規模を広げていく戦略である。 多角化によって、企業は巨大になっていった。一方で、異なる事業を1つの企業内の同じ組織で進めることで業務を混乱させた。関連性のない製品を「製造」と一括りにして、同じ組織で同じ方法で扱うには無理があった。機能別組織では、複数事業を管理できず、各分野の事業が発展するにしたがって、指示や命令の混乱が多発するようになった。

そこで、製品ごとに生産から販売までの責任と権限を持つ事業部を設置した。各事業部に、開発や製造、販売などその事業に関連する機能を配置し、事業部単位で独立して実施するようにした。

こうした組織とすることで、各事業部組織は迅速かつ柔軟な意思決定を行うことが可能になり、経営者は全社の戦略立案に専念することができる。

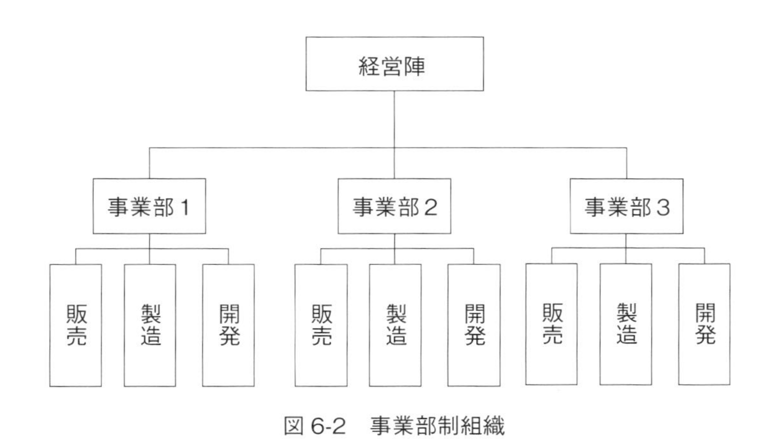


図6-2　事業部制組織

## 6.4　プロジェクト組織

プロジェクト組織は、プロジェクトを実施するための組織体制である。プロジェクトの特徴は、「独自性があること」と「開始から終了まで期間が限定されていること」である。そのため、プロジェクトが終了すれば解散する。解散によってプロジェクト組織のメンバーは、定常業務に戻るか、別のプロジェクトの組織に所属する。

したがって、プロジェクト組織の運営と定常組織の運営は異なる。定常業務では目的や運営方法が組織規定などであらかじめ定められており、メンバー一人ひとりがどのように行動すればよいかのルールが確立されている。組織に新しく入ったメンバーは、上司や先輩と一緒に行動し、その組織のやり方を身につけていく。

プロジェクト組織の場合には、プロジェクト開始時に目的を定義し、運営のルールを決め、お互いが知り合うためにメンバー同士のコミュニケーションが行われる。特に多くのメンバーを集めたり、プロジェクトの進行と共にメンバーの出入りが発生すると、プロジェクトのルールをメンバー同士が共有するために明示的に文書化しておくことが必要である。

こうしたプロジェクト組織の特徴とメリットは、プロジェクトマネジャーの意思決定が迅速に伝わりやすいことと、人員構成が柔軟にできることである。組織内の意思決定や指示はプロジェクトマネジャーが責任者として行う。プロジェクトマネジャーの権限と意思決定が定常組織に比べて強く働き、プロジェクトの目的達成という面ではプラスになる。また、プロジェクトの進行に伴って必要なタイミングで必要な職務の専門家を集めることができるため、効率よくプロジェクトを遂行できる。

ただし、プロジェクトに参加したメンバーが別の定常組織に所属している場合には、定常組織とプロジェクト組織で役割の調整が必要になる。たとえば、あなたが大学のあるサークルに所属している状態で、別のプロジェクトに参加するケースが該当する。この場合、あなたの本来の所属組織であるサークルとプロジェクト間で作業時間や負荷に関する対立が生まれると、サークルの責任者とプロジェクトのマネジャーとの間で調整が必要となる。

このように、定常組織とプロジェクトの関係によって組織形態は変わる。そこで、組織やプロジェクトの特徴によって最もふさわしい組織形態を設定することが重要である。

## 6.5 プロジェクト組織デザイン

プロジェクトの代表的な組織形態といえる「プロジェクト型組織」と「マトリックス型組織」について、その特徴をまとめる。

### プロジェクト型組織

プロジェクトそのものが組織である。プロジェクトごとに組織がつくられ、プロジェクトが終了すると解散する。つまり、プロジェクトを実施するための一時的な組織である。

プロジェクト型組織はプロジェクトマネジャーが強い権限を持ち、指揮・命令系統は単純で明快である。メンバー全員が同じプロジェクト組織に所属しているため、定常組織と仕事量等の調整をする必要がなく、プロジェクト実施に集中できる。IT 企業やコンサルタントの会社でよく見られる組織形態である（図6-3）。

デメリットは、継続した人材育成がしにくいことである。プロジェクトが終われば解散となるので、中長期な視点で継続してメンバーを育てる意識が働きにくい。そもそも、参加するメンバーは役割に適した専門性を持っていることが前提であるため、プロジェクト内での知見やノウハウは個人レベルでの蓄積に留まる。

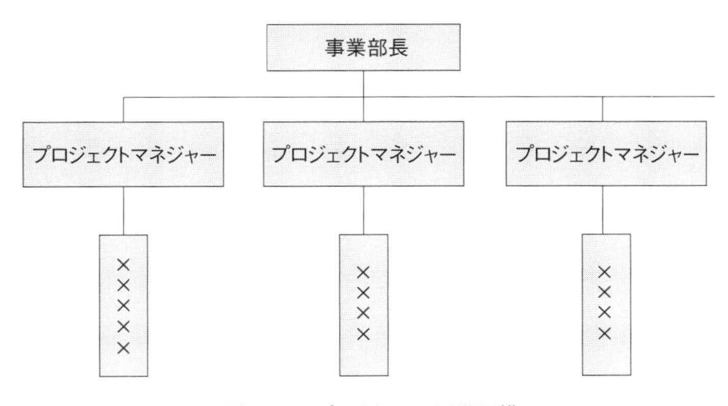


図6-3　プロジェクト型組織

### マトリックス型組織

複数の異なる組織構造をミックスした組織であり、機能別組織とプロジェクト型組織の特徴を合わせ持っている。メンバーの専門スキルの向上という機能別組織の利点と、プロジェクト目的達成のために組織というプロジェクト型組織の利点を同時に達成することが狙いである（図6-4）。

たとえば、「開発企画部」や「開発部」など別々の機能に分かれた機能別組織を維持しつつ、個々の組織を横断するような新製品開発プロジェクトを立ち上げる。そのプロジェクトに責任を持つプロジェクトマネジャーを置き、各機能別組織からメンバーを選出し、プロジェクトチームを編成する。

このように、マトリックス組織では１人の従業員が、開発企画部や開発部など所属する組織の上司と、プロジェクトチームにおけるプロジェクトマネジャーという２人の上司を持つことになる。２人の上司から別々の指示を受けるため、組織の上司とプロジェクトマネジャー同士の調整が必要となる。

マトリックス組織では、プロジェクトメンバーが所属組織に在籍しており、プロジェクト遂行中に身につけた知見やノウハウを組織として共有し、容易に蓄積できる。

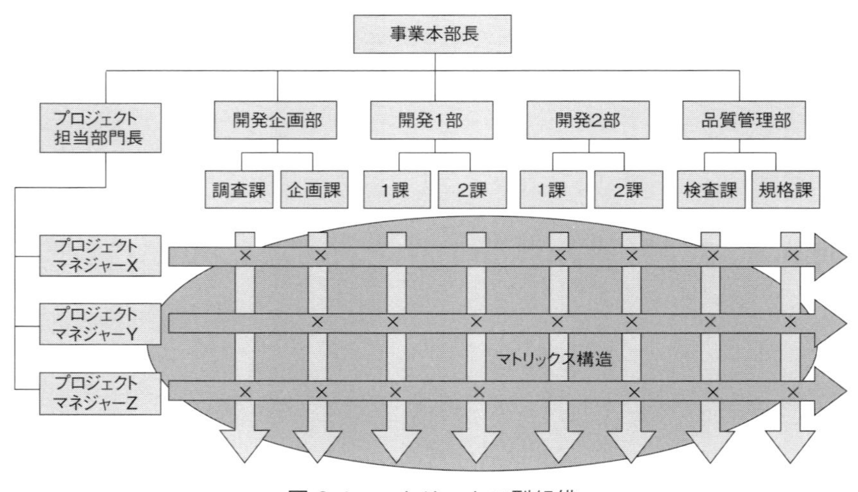


図 6-4　マトリックス型組織

### 組織形態の比較

組織の形態は、その組織が目指す目標や、その企業の過去からの文化や伝統、実現しようとするプロジェクトの特徴や内容などによって異なる。どのような形がよいかは、それぞれの企業や組織において組織形態の長所や短所を考えて決めることになる（表 6-1）。

## 6.6　プロジェクトマネジメントオフィス

プロジェクトマネジメントオフィス（Project Management Office: PMO）とは、組織内の複数のプロジェクトを支援するために設置する組織である。具体的な機

表6-1　プロジェクト実施の観点から見た各組織形態のメリットとデメリット

| | メリット | デメリット |
|---|---|---|
| 機能別組織 | 定型的業務の効率的運営に向く | プロジェクト実施には不向き |
| プロジェクト型組織 | ①指示命令系統が単純で明確である<br>②情報の流れが単純で明確である<br>③問題など事象に対して迅速な対応・処理が可能である<br>④課題の優先度をプロジェクト単独で決定しやすい<br>⑤プロジェクトチームと機能別組織での対立・調整の必要が少ない | ①組織として持てる技術をプロジェクトに入れ込みにくい<br>②組織として技術の交流が行いにくい<br>③プロジェクトごとにリソースの抱え込みが起きる<br>④他のプロジェクトの情報が活用しにくい<br>⑤エキスパートは育成しにくい |
| マトリックス型組織 | ①プロジェクトに各組織の持つ技術が効果的に集めやすい<br>②組織として人的資源の有効利用が可能である<br>③情報が他のプロジェクトに活用されやすい<br>④エキスパートの養成・確保が効果的に進められる<br>⑤プロジェクト終了段階で、要員の機能別組織への復帰が効率よく行われる | ①指揮命令系統が複雑で混乱しやすい<br>②意思決定のスピードが遅い<br>③プロジェクトと組織の間で対立が起きやすい<br>④プロジェクト内での意思統一が行いにくい |

能は、プロジェクトの品質管理データの収集と分析、各プロジェクトの監査などである。また、自らプロジェクトマネジメントを実施する場合があり、対応範囲は広い。

支援する内容によって、「個々のプロジェクトの運営を支援する役割」「複数のプロジェクトの状況を監視し問題があれば提言する役割」「プロジェクトマネジャーそのものを担う役割」に分けられる。

ではなぜこのような組織がつくられるのか。プロジェクトが複雑化・大規模化すると、高度な専門性と経験が必要となってくる。全てを１人のプロジェクトマネジャーで担うよりも、専門性を持った要員を組織化し、プロジェクトマネジャーの支援にあたる方が現実的である。

また、複数のプロジェクトそれぞれが異なった目的を持ち、別々に進んでいるように見えても、企業全体で見たときは共通する点は多い。たとえば、プロジェクト間での人員の配置や、品質を分析する際に使用するツール、プロジェクト管理の手法など、プロジェクト間では何らかの関連を持って動いている。高い専門

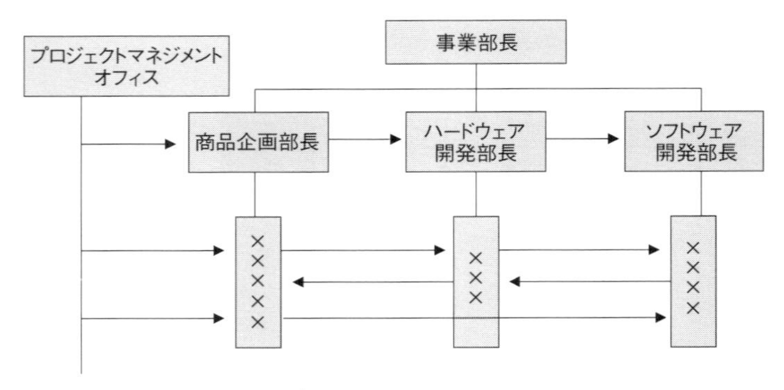

図 6-5　支援型プロジェクトマネジメントオフィス

性を持ったメンバーで実施することが効果的な業務においては、その関連を活用して共通化し、機能を集中化した方が効率的である。

ほかにも、個々のプロジェクトを実施しているメンバーでは見えにくいプロジェクトの運営上の問題点などを指摘し、改善等の指導を行う役割が必要である。

こうした、プロジェクトを企業全体の中で管理する役割を担う専門組織が、プロジェクトマネジメントオフィスである。いくつものプロジェクトが並行して実施される企業で設置する場合が多い。図 6-5 は、個々のプロジェクトの運営を支援する役割を持った運用支援型プロジェクトマネジメントオフィスの例である。

## 6.7　プロジェクトチームとチームビルディング

プロジェクト成功のためには、プロジェクトに参加するメンバー一人ひとりが自らの力を最大限に発揮することが必要である。そのために、プロジェクトマネジャーはプロジェクトに参加するメンバーに対して動機づけを行い、組織化する。組織化するとは、集まったメンバーを目的達成のために協力し合い行動する集団にすることである。そうした集団を「チーム」と見なして、「プロジェクトチーム」と呼ぶ。

プロジェクトチームがつくられるプロセスに注目しよう。プロジェクトの開始時、まずプロジェクトマネジャーが選任される。過去の実績やコミュニケーション力、折衝力、問題解決能力、ストレス耐性、決断力、およびリーダーシップなどの能力をもとに決められる。選任後、プロジェクトマネジャーはプロジェクト組織を編成する。プロジェクトの組織構造は、プロジェクトの難易度や期間、コストなどによって変わる。大切なことは、プロジェクト遂行の責任、権限、および情報をプロジェクトマネジャーに集中することである。

プロジェクトマネジャーは、プロジェクト実施に必要な作業項目を抽出し、作業項目ごとに責任者を決める。個人名と作業項目を設定し、各自がそれぞれの作業でどのような権限と責任を持つのかを明示する。このようなマトリックス表を責任分担表(Responsibility Matrix: RM)という（表6-2)。

担当区分はプロジェクトによってさまざまだが、各作業には必ず責任者が割りあてられ、「誰が」担当し、「どの責任」を負うのかが明らかにされる。

表6-2　作業分担表のサンプル

| 要員 / 作業内容 | a | b | c | d | e | f | … |
|---|---|---|---|---|---|---|---|
| 要件・基本仕様作成 | S | K | P | A | | P | |
| 基本設計 | S | K | P | A | P | P | |
| 詳細設計 | S | K | A | I | P | P | |
| 製作（開発） | S | P | P | I | P | K | A |
| 試験検査 | S | | | | K | | A |
| S：承認　K：決定　A：実施者（立案）　P：支援者　I：情報提供者 | | | | | | | |

## チームビルディング

プロジェクトの体制と要員が決まるとチームビルディングを行う。異なる企業や部門から集まったメンバーはプロジェクト開始の時点では、お互いのつながりがなく、これから実施するプロジェクトに対しての共通理解もない。

目的を達成する「チーム」として一体になるために、チームビルディングが不可欠である。思わぬリスクに直面した際に一体となって取り組む必要があり、そのときのチームワークの良し悪しがプロジェクトの成功に大きく影響する。

このようにチームビルディングは重要であるが、決まった方式があるわけではない。チームビルディングの手法としては、オフサイドと呼ばれる定常業務を離れた合宿、互いを知るための体感的なゲーム、チームとして何を成し遂げようとしているのかの徹底した議論、「思い」をキャッチフレーズや絵で描き共有することなどがある。

必要なのは、互いを知り、プロジェクトを共通理解し、目的に向かって組織・

チームとしての一体感をつくり出すことである。チームビルディングの目的は、メンバーのモチベーションを高め、チームとしての最大効果が発揮できるようにすることである。そのために、プロジェクトマネジャーはメンバー一人ひとりの個性を生かしながら、メンバーのコミュニケーションに配慮する。

## ● 6章の演習課題 ●

6-1　機能別組織と事業別組織の特徴と違いを説明しなさい。

6-2　プロジェクト組織の特徴を説明しなさい。また過去に参加したことがあればその事例か、もしくは社会での事例を挙げなさい。

6-3　あなたが今までにチームビルディングに関わった事例を挙げて、その内容と狙いを推察して述べなさい。

6-4　マトリックス組織のメリットとデメリットを説明しなさい。

# 7章

# プロジェクトとコミュニケーション

グローバル化が進み、さまざまな考え方や価値観を持つ人々が増えている。また、制約条件下でプロジェクトを成功させるために、グループ活動による問題解決が不可欠になっている。このような環境下でプロジェクトを成功させる要素である人々の意思疎通について理解することを目指す。本章はプロジェクトにおける情報の取り扱いとコミュニケーションのあり方に注目し、特にグローバル化の中で異文化とどのように接するかに触れる。

## 7.1 プロジェクトにおけるコミュニケーションの重要性

プロジェクトにはさまざまな人々が参加するために、人と人の間での伝達や相互のやりとりが生まれる。プロジェクトの規模が大きくなり、関わるメンバーが多くなるに従って、意識の共有化や情報伝達が難しくなる。情報交換をする相手が増えると、伝言ゲームのように情報が変わって伝わることがあるためである。

メンバー間のコミュニケーションは、プロジェクトを円滑に進めるための重要な要素である。コミュニケーションの正確さや伝達スピード、密度等がプロジェクトの成功と不成功とを分けると言ってもよいほどプロジェクトに大きな影響を及ぼす。

コミュニケーションで特に検討すべき点は、「情報を必要とするメンバーに、タイミングよく正確に伝えるにはどうすればよいか、どのように情報を管理するか」ということである。グローバル環境下でのプロジェクト展開では、考え方や価値観、文化的背景が異なるメンバー同士で、どのように意思疎通を行うかということも意識する必要がある。情報の扱い方やコミュニケーションの仕方は、プロジェクトにおいてますます重要になっていく。

### 情報の一元管理

プロジェクトで情報を扱う上で重要なのは、情報を一元管理することである。数多くのメンバーの間でさまざまな情報が行き交い、いくつもの伝達ルートが生まれる。無制限に情報を流し続けると、情報は混乱し、必要な情報と重要度の低い情報の区別がつかなくなってしまう。このため、プロジェクトとして正式な情報の流れを定め、情報を一元管理する責任者を決める必要がある。プロジェクト内の正式ルートを通って承認された情報をプロジェクトの正式情報として必要なメンバー間で展開し、データとして保管する。顧客と口頭で交わした内容であっても、正規の取り決めに従った管理ルートに則ることで初めて正式情報として扱う。

情報一元化のためには、取扱要領書が必要である。この要領書では、「どのような情報の流れとするか、誰に配布するか、保存方法をどうするか、および変更が発生した場合の対応をどうするか」など、プロジェクトとしての手順や内容をあらかじめ定めておく。

### 報告

プロジェクトにおける情報として重要なのは「報告」である。あなたがプロジェクトに参加しているとき、あなたが担当する作業の進捗状況や現状の問題点などを、決められたルートに従ってメンバーで共有する必要がある。なぜなら、あなたの作業状況によって他のメンバーやチームに影響が及ぶからである。あなたの作業の後で開始予定の作業があり、あなたの作業が遅れるのであれば、後の作業担当者は開始時期を変えなければいけないかもしれない。あなたの抱えている問題点が、実はプロジェクト全体の今後の成否に関わる致命的な問題になるかもしれない。

報告は、特定の受け手に対して有用な情報をタイムリーに提供することである。報告の手段はさまざまである。報告の意義は、プロジェクトが「今どのような状況にあるのか」「今後どうなるのか」を明らかにし、メンバーで共通に理解することである。

プロジェクトの開始時に、プロジェクトに関する情報に関して、「誰が」「どのような情報を」「いつ」「誰に対して」および「どのように」収集し伝達し蓄積するのかを定めておく必要がある。このように、プロジェクトコミュニケーション計画を立て、要領書として「報告の種類、報告手段、報告先、報告の実施頻度、記述するレベル感、内容」などを決めておく。

報告の種類として代表的なものは、進捗報告と完了報告である。進捗報告は、たとえば週に1回など決められたタイミングで行うことが多い。誰に対して何を伝えるのか、情報の受け手側を意識して、必要かつ十分な情報を正確に伝達する必要がある。

完了報告は、プロジェクトが完了した際に、契約で定めた内容が完了したことを顧客に正式に報告する書類である。契約時に取り決めた成果物とともに顧客に提出する。また、プロジェクト実施中の実績データや顧客と取り交わした情報、プロジェクトを通して得た知識などを蓄積しておく。これは将来的に何か問題が発生した場合の証跡として確認するために必要である。

**変更管理**

プロジェクトの進捗に従って、当初は不明確だった点が明らかになっていく。開始時に想定していなかった環境の変化の影響を受けることもある。こうした変化によって、開始時点で定めた要求内容、予算、およびスケジュールなどの計画変更の必要性が発生することがある。このようなプロジェクト計画の変更は、公式な変更管理手順によって行う。この手順はあらかじめ定めておく必要がある。重要なことは、顧客を含めた関係者間で手順を共有することである。

変更管理手順の役割は、変更の影響を確認することと、プロジェクトのスケジュールやコスト、品質に与える影響を極力少なくすることである。一見、簡単に見える機能面での変更が、後にプロジェクト全体に思ってもみなかった大きな影響を及ぼすことがある。当初の計画から変更する場合には担当者レベルで判断をせずに、変更の内容を文書で記し、プロジェクト全体での影響度を判断した上で､関係者の合意を得ておくことが必要である。文書で証跡を残しておくことは、後日「言った／言わない」の争いを避けるためにも重要である。

## 7.2　コミュニケーションとは

プロジェクトにおけるコミュニケーションは、メンバーや顧客をはじめさまざまな関係者間で行われる。立場によって利害や優先順位が異なったり、相反したりすることがあるため、調整が必要となる。調整は、個人間、組織間、および顧客との間でなどと、広い範囲でなされる。地域や社会に関連するプロジェクトでは、その地域内外の住民との調整が必要となる場合もある。調整を行う基本は相互理解である。一方的な押しつけではなく、相互に「対話」し、「理解しよう」と努めることが重要である。

コミュニケーションと情報伝達は厳密には違う。情報伝達は、送り手から受け手に向かって情報を「送る」ことを意味する。一方、コミュニケーションでは「伝わること」が重要である。伝わることとは、送り手が伝えたい内容に受け手が共感したり、行動したり、あるいは考え方や判断などに何らかの変化が起きるようにすることを意味する。

情報を伝達し、共有するためにIT化は必要であるが、IT化によってプロジェクト内のコミュニケーションそのものが向上するとはいえない。つまり、IT化は情報化を推進するが、情報化が直接的にコミュニケーションを向上させるわけではない。

コミュニケーションを活性化するためには、双方の合意形成が必要であり、そのための「対話」が有効である。対話とは双方向のプロセスであり、相互理解を目指す活動である。

対話には、「場づくり」が重要であり、安全で安心して話ができる環境が必要である。場を整え、それをプロジェクトマネジャーが積極的に活用することで、よい対話が生まれる。

### コミュニケーションの構造

コミュニケーションは次の4つの要素から構成される（図7-1）。

(1) コミュニケータA
(2) コミュニケータB
(3) メッセージ
(4) コンテキスト

**事例7-1** あなたが誰かとコミュニケーションを行うことを考えてみよう。

まず、あなた（コミュニケータA）は、伝えたい内容を言葉や表情、身振りという形（メッセージ）で、相手（コミュニケータB）に発信する。相手は、受け取った内容を解読し、意味を理解し、新たな内容のメッセージをあなたに返す。そのときに言葉として返すか、うなずきなどの非言語メッセージで返

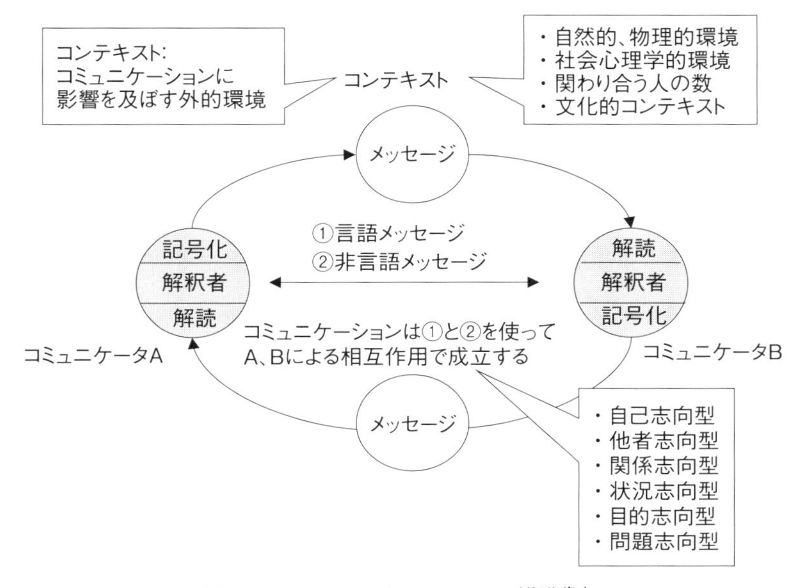


図 7-1　コミュニケーションの構造※1

すかは、受け取ったメッセージの内容や伝えたい内容によって選ばれる。このように、話し手であるあなた（コミュニケータ A）と、聞き手（コミュニケータ B）との間での相互作用が行われる。

互いのメッセージをやり取りする前提は、メッセージに含まれるコンテキストを理解することである。コンテキストとは、メッセージには直接含まれてはいないが、前提となっている背景としての共有情報である。したがって、相互作用が成立するために、メッセージの背景にあるコンテキストを理解することが重要になる。

## コミュニケーション能力

コミュニケーションに必要な代表的な能力には、「発信能力、受信能力、理解能力」「意思伝達のための支援能力（言語能力、非言語能力、役割能力）」および「コンテキスト能力」がある。

---

※1　本名信行：異文化理解とコミュニケーション、三修社（1994）

(1) 発信能力、受信能力、理解能力

コミュニケーションの基本は、「メッセージを相手に正確に伝える」ことであり、同時に「相手からのメッセージを正確に受け取る」ことである。発信能力とは、受信者が理解しやすいように、論理的にわかりやすく説明できる能力である。受信能力とは、発信者の意図を理解する（あるいは理解できないときには相手に質問して答えを引き出す）能力のことである。理解能力とは、相手の意図を理解すると同時に、意図に反応して行動できる能力のことである。コミュニケーションは行動に展開されるために、理解し反応する能力が重要である。

(2) 意思伝達のための支援能力（言語能力、非言語能力、役割能力）

言語能力は、言語の中のメッセージを理解できる能力のことで、非言語能力は、顔の表情やジェスチャ、視線、しぐさなどの非言語に含まれたメッセージを理解できる能力のことである。役割能力は、相手との関係で社会的役割を引き受け、また、自らの役割を理解して行動できる能力のことである。

(3) コンテキスト能力

コミュニケーションにおいては、全てのメッセージを発信し受信するわけではない。前提となる背景はコンテキストとしてメッセージに含めず、言外にやりとりされる。たとえば、身振り、手振り、表情などである。「あ・うんの呼吸」などと表現されるのは、このコンテキスト能力が高い例である。逆に「場の空気が読めない」と揶揄されるのは、多くの場合、このコンテキスト能力が発揮されていないことを示している。

## 7.3 異文化コミュニケーション

異文化コミュニケーションとは、異なる文化間でのコミュニケーションをいう。われわれは通常の生活をしている限り、文化という感覚を意識することなく過ごしている。文化間のギャップや自文化の特徴を意識することもない。

プロジェクトにおける異文化コミュニケーションの例として、海外でプロジェクトを実施するケースがある。たとえば、石油精製工場、大型ダムの建設、大規模プラントの建設などのプロジェクトを海外で実施する際に意識されるのは、文化ギャップである。最近では、業種や業態を問わず複数の国で共同プロジェクトを実施したり、複数の国の人が参加したりする大規模プロジェクトが増えている。このような場合には、異文化コミュニケーションにおける問題点や文化ギャップを理解し、異文化に対応できる力を身につけることが必要になっている。

異文化コミュニケーション特有の問題として、コンテキストの理解の違いがある。日常的なコミュニケーションではコンテキストの理解を意識しないが、異文化間ではコンテキストの共有ができていないことが多い。このため、文化の相違、常識や発想の違い、価値観の相違の大きさに戸惑いショックを受ける。

異文化コミュニケーションの問題には、周囲の環境や相手から情報を収集する際に起きる「情報ギャップ」や、周囲や相手に働きかけようとして起きる「行動ギャップ」がある。自分がなじんできた文化とは異なる文化環境の中で生活し仕事をすると、今まで常識だと思っていたことが周囲に通じず、期待した結果が得られないというギャップに直面することがある。

情報ギャップでは、同じ情報であっても人によって違う解釈を行ったり（解釈ギャップ）、どの情報に価値があり、どの情報に価値がないか、人によって情報収集が選択的であったり（知覚ギャップ）する。また、情報の価値を決める際に、個人的、文化的に類似性のあるものにはポジティブな評価をし、類似性のないものにはネガティブな評価を下す傾向（価値・判断ギャップ）などもある。

行動ギャップでは、情報をもとに行動した際に、情報ギャップによって期待しない結果となることがある。相手の発言や表情をもとに自らの判断で行動したが、実はその判断が相手の意図と合っていなかったために、大きなトラブルになってしまうケースである。「そういうつもりで言ったのではない」「相手はわかっていると思った」といったような行き違いが、特に異文化間では頻発する。文化的背景が異なる相手とコミュニケーションする場合に、自分たちの文化と同じ基準で判断すると後々大きな問題に発展することがある。

### 異文化対応能力

異文化対応能力として必要なのは、相手の国や地域の事情をできるだけ詳細に予備調査し、実態を把握しておくことである。地域における特有の事情に対して謙虚であり、相手側で採用されてきた方法を尊重して対応することが重要である。自身の先入観や固定観念に縛られず、現場の状況に応じた最適案を考えることが必要である。

異文化対応能力を獲得する際に、まず異文化と接して自文化との相違に驚きカルチャーショックを受ける。その後、相手の文化をよく理解するための行動を起こし、先方の文化を理解する。同時に自国の文化をあらためて見直し、特徴を理解することが重要である。

自文化を優位に置き、その価値基準で他の集団・考え方・行動様式を解釈し、評価することは異文化対応の面でマイナスとなる。こうした、自分の所属する集団の文化を基準に他の文化を低く評価し、否定する態度や考え方を「自文化中心主義」という。

文化は優劣で比較できるものではなく、世の中にはさまざまな考え方や行動の仕方があって、どれが正しくてどれが間違っているということはできない。相違する異文化の相手の価値観を理解し、文化や社会のありのままの姿をよく理解しようとする姿勢を「文化相対主義」という。自文化も相手の文化も相対的に捉える態度である。

本来､人は自文化中心主義である。それが異文化に接して感受性が発達すると、自文化と相手の文化の違いを認識し、相手を受け入れる姿勢が高まり、文化相対主義になっていく。文化相対主義は他人を受け入れ、肯定的人間関係を築くことができる、高い異文化対応能力といえる。

### 高・低コンテキスト文化※2

高コンテキスト文化とは、明示的な言語情報よりも暗黙の理解や共感を前提にした文化である。そこでは、言外の意味や意図を推察し理解するというコミュニケーションが行われる。単純に見えるメッセージでも深い意味を持っている。コンテキストを共有しているメンバー同士のコミュニケーションは密度が高く、互いに密接な関係をつくる。一方でコンテキストを共有していないメンバーにとっては入り込みにくく、共有している集団が排他的に映る。

たとえば、メンバー同士が親密で深い人間関係で結びついているサークルがあり、そのサークルに外部から新しいメンバーが入るとどうなるか。新参メンバーにとって、そのサークルでやり取りされている言葉はわかっても、意味が理解できない状態になる。ささいな一言やちょっとした表情でお互いがそれ以上の意味を伝え合っていて、後から参加したメンバーには何のことだか言葉以上の意味がわからない。この状態が、別の文化から高コンテキスト文化に入ってきた人の状

---

※2　ハイコンテキスト文化、ローコンテキスト文化ともいう。

態である。

低コンテキスト文化では、このような参加に関するハードルの高さはない。メンバー間で共有している前提が少なく、コンテキストに頼らず言葉で相手に伝えようとする。言葉は直接的でわかりやすく、明解である。言語に頼る部分が大きく、文書化しマニュアルにするなど、形式化しやすい。明確なメッセージを自ら発信することができれば、異なる文化からも入りやすい。米国のように、多くの移民を受け入れ、人種や背景の異なる人々から成るような国では、共有しているコンテキストが少ないことを前提に、最低限のコンテキストで自らの個性を強く発揮し、言葉で明確なメッセージを伝えるという文化になる。
高・低コンテキスト文化でどちらがよい／悪いという判断はなく、それぞれの傾向や背景を持った文化があると認識し対応することが大切である。

## 7.4　今後のコミュニケーション

グローバル社会では、経験や価値観の異なるメンバーが同じプロジェクトで席を並べることが前提になる。そのような環境では高コンテキストを前提としたコミュニケーションをしようとしてもうまくいかない。多様性が高いグローバルなプロジェクトでは、暗黙の理解に頼らない明確なコミュニケーションが必要である。自文化のコンテキストに依存せず、明確な言葉で自らの考えを示して意思疎通をはかることが重要である。

コミュニケーションの方法も変わりつつある。TwitterやFacebookなどのソーシャルネットワークの普及は目覚ましく、国境を越えて縦横無尽にネットワークを張り巡らしている。インターネットは、従来の空間的、地理的な隔たりを無効にし、世界のどこにいても瞬時につながることを可能にした。ネットワークでつながっていれば、自分のいる場所から見て地球の裏側にいる人ともリアルタイムで情報をやりとりすることができる。

世界的なつながりが増え、グローバル化が当たり前になっている。他方で、反グローバリズムを掲げる人々もいる。これらは「ローカリゼーション」の視点である。ローカリゼーションとは、「現地化」のことである。その土地に住み生活して得られる視点である。特に製品開発や販売において、その製品が日常生活に密接に結びついていればいるほど、現地化を意識する必要がある。ネットワークでつながった世界だからこそ、地域文化をより理解することが重要になる。

コミュニケーションにおいても、情報化の面だけを捉えて、「迅速性」と「広域性」に着目するのではなく、「伝えること」と「伝わること」を意識する必要がある。そのためには、相互理解が必要である。

### ● 7章の演習課題 ●

7-1　日本は高コンテキスト文化であるといわれているが、具体的な事例を挙げてその特徴を述べ、それがプロジェクトのコミュニケーションとどのように関係するのかに言及しよう。

# 8章

# 情報資源と情報マネジメント

現在では、地球環境問題やグローバルな競争下での価値創造といった新たなビジネス創出が増えた。その結果、多くのプロジェクトでは自組織のみならず世の中の知識や技術をより広く取り入れて迅速に成果を出すことが求められるようになっている。この章では、このような状況を認識して、的確な意思決定を効率よく行うために、プロジェクト遂行業務における情報活用の重要性について理解を深めることを目指す。

## 8.1 情報資源とは

情報資源は、人間の情報行動※1によって生み出され、その収集や活用において人間の行動にさまざまな影響を与えている。プロジェクト遂行における情報資源は、意思決定や知識の形成において、データや情報を通じて認識・理解され、その活用領域も多様である。

日常的にわれわれは、データや情報や知識を意識せずに使い分けているが、特に問題が起きているわけではない。しかし、情報という言葉は明治の初め頃から使われており、その様子がいろいろな記録に残されている※2。ここでは、マクドノウ(McDonough、1963)が示した「データと情報と知識の違い」※3に則って、プロジェクトの遂行業務におけるデータ、情報、および知識を次のように使い分ける。

(1) データ

立論の材料として集められた資料で、事実がありのままに記録されているも

※1 情報行動とは、人間の知的な刺激や、要求への反応などをいう。

※2 浦昭二ら編著『情報システム学へのいざない』(培風館、1998) に諸説がまとめられている。

※3 マクドノウによると、「データ＝評価されていないメッセージ」、「情報＝データ十特定の状況における評価」、「知識＝データ＋将来の一般的な使用の評価」のように定義されている。

の（あるいは、コンピュータで記号化、数字化された資料）などをデータという。

たとえば、人間の目や耳を通して認知された内容は、雑音も含めてありのままの事実であり、データである。プロジェクト実行中の管理指標の値や個々のタスクで示される課題や変更要求などの記号や数字もデータといえる。

⑵　情報

集めたデータを整理して表現したものを情報という。物事の内容や事情について加工したもの、伝達するために文章や映像などで表現したものなどは情報である。情報は、状況に変化をもたらすものであり、いろいろな媒体によって伝達される。プロジェクトの状況をまとめて第三者に説明する報告書や作業指示書、WBSや問題分析結果などの資料は情報といえる。会議などでメンバーが発言した内容なども情報と呼ぶことができる。

⑶　知識

データや情報を概念化したもの、あるいは体系化したものなどを知識（ナレッジ）という。ある事柄に対する明確な判断、客観的に確証された成果などは知識であり、その多くは経験や学習の積み重ねで構築される。知識が論理化され普遍化されると真理・定理・法則になる。

情報資源は収集し蓄積されたのち、役に立つ形に加工されて有効に利用される。蓄積された情報にはリアルタイムで伝達されるものや、複数のプロジェクトにまたがって蓄積されるものがある。そのまま情報として活用されることが多いが、他のプロジェクト向けに知識（知的･技術的資源）として蓄積されることもある。プロジェクトの終了において、資材など物的資源は使い切ってしまうものでありプロジェクト組織（人的資源）は解散･消滅してしまうが、情報資源は、プロジェクトが終了するたびに有効な知識として蓄積されていく。

## 8.2　情報マネジメントの役割

プロジェクト実行中に収集された情報は、高品質で正確に活用できることが必要である。情報を効果的に整理することで、プロジェクト実行中に問題が発生した場合でも速やかに対応できる。情報を効果的に提供することは情報マネジメントの役割でもある。

さまざまな管理情報を分析して共通情報としておけば、進捗判断などでも客観的に活用できる。さらに知識として蓄積し、活用することでプロジェクトメンバーの問題解決能力の向上にも役立つ。

プロジェクトの進捗や品質把握で収集されたデータや情報は、別のプロジェクトで活用できる知識となる。そこで、「データ」「情報」「知識」に注目しながら、情報マネジメントの対象として整理しておこう。

(1)　データの整理と活用

データはプロジェクトの実行状況を数字化したものである。これらのデータを効果的に活用するには、利用目的を明確にして体系的に収集・分析し、使いやすい形で整理して一元的に管理する必要がある。そのためには、データを可視化して情報として共有化することが重要である。一般に、集めたままのデータは１次データと呼ばれ、加工されたデータは２次データと呼ばれる。これらのデータは段階を経てさらに加工・蓄積され、将来にわたって利用される。

(2)　情報の整理と活用

情報は、プロジェクトの状況を判断するために不可欠なものである。データが加工され蓄積されたものだけでなく、プロジェクトマネジャーの業務指示や業務報告のように、情報として提供されるものもある。加工されたデータの活用では、その鮮度や正確性が問われる。

(3)　知識の整理と活用

知識は、経験から得られる知的財産であるともいえる。したがって、単に資料として保管するのではなく、業務の遂行において効果的に活用できるものでなければならない。過去のプロジェクトで蓄積された情報が知識として概念化されたものが多いが、複数のプロジェクトで得られたデータを統合して体系化したものもある。たとえば、顧客との交渉のコツだとか、よいプロジェクトマネジャーの行動例などを概念化した知識もある。暗黙知のように可視化できないものもある。概念化が難しい場合には、可能な限り具体的に数値や背景を形式知として整理しておくことが望ましい。

**情報伝達の方法**

情報資源でも、伝達という側面での利便性を配慮する必要がある。たとえば、伝達に適した形や方法で定型化しておくことが考えられる。そこで、そのポイントをいくつか整理しておくことにしたい。

⑴　情報活用の能力

情報として活用できるデータの形式はさまざまであり、加工前と加工後とでも違う。情報の伝達を容易にするためには、発信側での情報整理能力や、受信側での情報活用能力が必要となる。どちらの場合にも情報理解力は基本である。これらはコンピュータリテラシーとか、情報リテラシーなどと呼ばれているが、いわゆるコンピュータがつくる情報を使いこなす能力のことである。詳述するならば、コンピュータリテラシーは、コンピュータの仕組みを理解し使いこなす能力であり、情報リテラシーは情報抽出と情報活用の能力である。

⑵　伝達の同時性

チームで情報を共用するためには、メンバーに対して情報を同時に伝達する必要がある。たとえば、会議や説明会での報告を遠隔地にいる人に同時に伝達する場合には、情報機器の活用環境を整えればよい。伝えたい相手と同期が取れない場合には、メールや掲示板などが活用できる。この方法をうまく活用することで、プロジェクトメンバーが必ずしも一同に会する必要はなくなる。

⑶　伝達の確実性

情報は正しく伝えなければ効果がないどころか、逆効果になることもある。情報そのものの正確さやわかりやすさのみならず、受け手に正しく伝わったかを確実に確認できることが不可欠である。そのために、相手の理解を確認しながら伝達できる双方向のコミュニケーションを図る必要がある。ただし、この場合でも一方的な情報伝達になる可能性をどのように回避するかを検討しておくことが重要である。一方通行性が高い例として、掲示や放送、大会議場での情報伝達などがある。

一方的な情報伝達に終わらない手段には、メールによる情報のやり取りがある。メールの記録は確実に情報が伝達された証拠ともなる。また、プロジェ

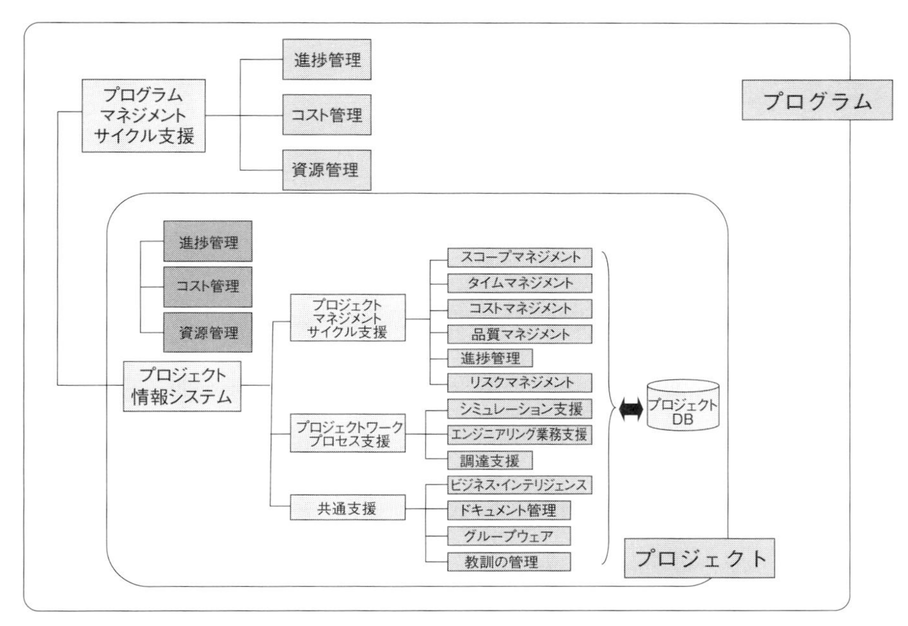


図8-1　プロジェクト情報管理システムの全体像（例）

クトメンバー間でのグループウェアの活用も重要である。

## 情報管理システム

プロジェクトの情報活用の仕組みとして古くは文書や掲示板が使われていたが、情報を効果的に活用する仕掛けが不可欠になった今日では、コンピュータを使った情報システムが使われている。

プログラムとプロジェクトの全期間を通して情報を活用するシステムの全体像を図8-1に示す。

プログラムマネジメントのサイクルを支援する機能は、3つの主要機能で構成される。

(1)　進捗管理

個々のプロジェクトの「進捗状況、リスク、重要課題、およびアクションのステータスなどをモニタリングする機能」と、複数プロジェクトの進捗状況を「コストの面で予測と実績を対比して管理する機能」とがある。マネジャーはこの機能を使って、プログラム全体の進捗状況や問題点を把握し、評価することができる。

(2) コスト管理

個々のプロジェクトの「コスト計画、実績、および予測をモニタリングして分析する機能」と複数のプロジェクトの「コスト情報を集約する機能」とがあり、プログラム全体のコスト管理を行う情報を提供する。

(3) 資源管理

物的・人的資源の管理情報を、プロジェクトの単位ごとに（あるいは複数プロジェクトで）把握し、部門単位の資源管理を行う情報を提供する。プログラムレベルでは、複数のプロジェクトに対して資源を効率的に割り振るための仕組みが中心となる。これに対して個々のプロジェクトでは、割り当てられたリソースを効果的に利用するための管理を行う。

以上のほかに、プロジェクトマネジメントサイクルで支援する機能がある。マネジメント業務の目的を効率的･効果的に達成するための支援機能として「スコープマネジメント」「タイムマネジメント」「コストマネジメント」「品質マネジメント」「アーンドバリューマネジメント」および「リスクマネジメント」がある。これらの内容に関しては、第3部(10章、11章、12章）で扱う。

## 8.3 プロジェクトの情報と組織の情報の重要性

プロジェクトの情報には、個々のプロジェクトが使うためのものがあり、それは個々のプロジェクトに効果的な形で収集し管理されている。これらの情報を組織として活用できるようにするためには、情報の標準化や集約が必要になる。

また、組織が情報を効率的・効果的に活用するために、組織としての仕組みづくりが求められる。そのためにも､情報の標準化や情報収集のプロセスを確立し、情報の属人化を防ぎ、共有化していくことが重要である。

一方、不十分な取扱いや外部からの攻撃により、情報の価値が損なわれる場合がある。これを防止し、情報の価値を守る機能が情報セキュリティである。情報マネジメントにおけるセキュリティと情報の蓄積における安全性が関係するために、堅牢性（セキュリティ、蓄積）が必要であり、機密性（情報へのアクセス許可のある人だけが情報を利用できる)、完全性（情報資産に正確性があり改ざんされていないこと)、可用性（情報へのアクセス許可のある人が必要な時点で情報にアクセスできること）が必要となる。

### プロジェクト情報システムの役割と組織の成熟度

プロジェクト情報システムの役割は、個々のプロジェクト活動を効率的に進めるだけでなく、プロジェクトを支援する組織と情報を共有することでもある。組織の成熟度が高いほど、組織をあげてプロジェクトを支援する仕組みを持ち、情報を共有する仕組みやプロセスが確立されている。

プロジェクトマネジメントに関する成熟度モデルには、PMMM※4(Project Management Maturity Model)、CMM※5(Capability Maturity Model)、CMMI※6(Capability Maturity Model Integration)など、さまざまな観点からのモデルが存在するが、ここでは企業戦略とプロジェクトへの連携を重視した成熟度モデルを示す。このモデルの特徴は、企業が全体の戦略をプログラム、プロジェクト、タスクへと歯車のように噛み合わせてつないでいくことによって、企業全体の活動が有機的に働くことを考えた組織レベルでのプロセスを定義していることにある（図8-2)。

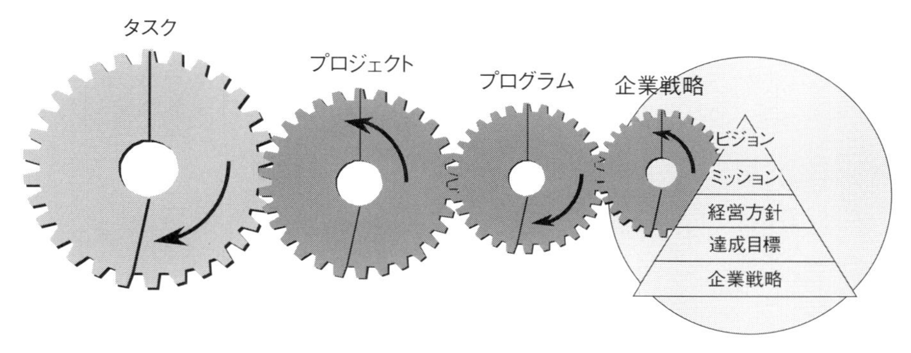


図8-2　マネジメントプロセスの連携

※4　「成熟度の低い組織ではプロジェクトが雑然と進められ、高い組織では作業が計画的に実施される」という考え方で、プロセスモデルを5段階で定義している。

※5　品質の高いソフトウェアを開発するために、開発の能力レベルの客観的評価指標として米国国防省が発表している。

※6　CMMの後継として、ソフトウェア開発のほかに、システムエンジニアリング、統合製品プロセス、供給側調達など、いくつかの分野に応じたモデルである。

このモデルでは5つのレベルに分けて成熟度を定義する。

・レベル1（場あたり的）：2～3人がプロジェクト用語やツールを使いはじめた
組織としてプロジェクトの認識が低く、場当たり的なプロジェクトマネジメントが実施されているため、問題解決の活動に多大な労力が費やされているレベルである。プロジェクトの多くが失敗したと考えると、成否は個人の能力に大いに依存している。

・レベル2（計画的）：組織が基本プロセスとして使っている
問題発生予防の重要性が認識され、計画に力を入れ始めるレベルである。プロジェクトの成否はチームの能力に依存するようになり、類似プロジェクトはマネジメントできるが、経験のない新規プロジェクトでは混乱しやすい状況にある。

・レベル3（科学的）：プロセスを統合して組織で展開している
組織的なマネジメントが行われ、プロジェクトの状況はシステムにより可視化されるレベルである。関係者は可視化されたデータ分析に基づいて行動する。

・レベル4（統合的）：組織としての品質基準を持っている
複数のプロジェクトが組織の中で整然と実施され、混乱がなくなる。企業の持つマネジメントプロセスに従って、組織をまたがってプロジェクトがうまく運用され、プロジェクトと組織の調和が達成される。

・レベル5（最適化）：高品質を保つために継続的に改善している
プロジェクトのほとんどが成功し、品質、コスト、納期の全てに関してトップクラスの競争力を保有する。企業戦略とプロジェクトが確実に連携され、戦略的プロジェクトが効果的に運用される。権限委譲が十分に行われ、メンバーは目的に向かって高い士気を持って活動している。

### 情報のリポジトリ化

組織が情報を活用し、各プロジェクトを支援するためには、情報のリポジトリ化が重要である。リポジトリとは貯蔵庫という意味があるが、ただ溜め込んでおくだけのものではなく、十分に整理され蓄積され、新しい正確な情報がいつでも、どこからでも簡単に取り出せ、活用できるようにしておく仕組みが重要である。また、アクセスの制御や機密管理などの機能も備えていなければならない。

組織としてリポジトリ化された情報は、「ナレッジ（知的資源）」として複数のプロジェクトに有効に活用される。

### ● 8章の演習課題 ●

8-1　イベントやサークル活動などで蓄積された情報で、知識として整理された具体例を挙げて、それらが「どのように概念化されたのか」について考えてみよう。

# 9章

# 戦略とプログラム

プログラムには複数のプロジェクトが含まれる。プログラムという広い領域でプロジェクト相互の関連性を持った運用をすることによって、業務変革や新たな事業を創出するような結果・成果を生み出すことができるようになる。この章では、このことに注目して、戦略を実現するためのプログラムを取り上げる。

## 9.1　戦略について

企業･組織が存続し発展していくためには、収益を上げ続けていく必要がある。複数の企業で、同種の商品を扱っているにもかかわらず、ある企業は極めて高い収益を上げ、別の企業は存続すら危ぶまれる状況に陥ってしまう。また、ある企業が社会に受け入れられる画期的な製品をつくり出す一方で、同業の企業でそうした製品を生み出せなかったのはなぜか。

このように、社会には多様な企業が存在し、それぞれ違っている。その違いにはさまざまな要因が考えられる。こうした要因を分析し、「ある企業は業績が向上し、別の企業は業績が低迷するのはなぜか、業績を向上させるには何をすればよいか」という問いに対する理論体系を示したのが経営戦略論である。

戦略とは「組織にとっての長期的な目標達成のために用意した基本方針」であり、「現在地と目的地を結ぶルート」である。ただし、目的地は未来であり、不確実性がある。現在地も社会環境からさまざまな影響を受けて常に変化する。このような中での戦略は、「どこで戦うか」、「いかに優位に戦うか」ということになる。

### プログラム戦略とは

プログラムの観点から見た戦略とは何か。

プログラムは上位の戦略を受けて実施される。「プログラム使命(ミッション)」として戦略を読み取り、実現のための戦術を考え、実行することになる。したがって、プログラムマネジャーは上位の戦略を正確に把握することが必要不可欠となる。時には「プログラム使命（ミッション)」そのものが、その組織全体の戦略になることもある。ただし注意すべき点は、戦略は必ずしも「上位」から降りてくるわけではないということである。プログラムマネジャーは「戦略」が与えられることを待っているのではなく、自ら働きかけを行い、戦略形成のプロセスに関わりを持つことが必要である。

戦略は、「一度決めたらそれを金科玉条のように守る」という静的なものではなく、「事業環境の変化によって変わる」ダイナミックなものである。特に、事業環境の変化が激しい現代にあっては、戦略を策定したときの前提事項が簡単に覆ってしまうこともありうる。そうした際に、現状を正確に把握し、上位にフィードバックし、変更の提案をすることもプログラムマネジャーには求められる。

また、プログラムの実施段階では、戦略を意識して「目的地」を明確にするとともに、「目標達成のための基本方針」を定め「現在地と目的地を結ぶルート」を設定する。プログラムは、「抽象的な戦略を具体的な戦術に展開する」ことと「プロジェクトに展開する」機能を持っている。

そこで、最初に「戦略とは何か」と「戦略論は企業戦略をどのように捉えているのか」について、いくつかの代表的な戦略論を例示する。

### 戦略論のアプローチの違い

> 事例 9-1　アプローチの例として、あなたが友人と一緒にリサイクルショップを開くことを考えてみよう。
>
> あなたが開店しようとしているリサイクルショップは、ブランド品などの高価で希少性の高い衣服を使用者や業者から古着として買い取り、安い価格で販売するビジネスである。
>
> リサイクルショップを開いてビジネスとして成立させるためには何か必要か。どのような店であれば客が多く来るのか。そもそも「リサイクルショップ」を出店して儲かるのか。

そこで、儲かっているリサイクルショップと、儲かっていないリサイクルショップの違いは何かについて調べてみたところ、「儲かっている」「儲かってない」という違いには、2種類の考え方があることがわかった。一つはリサイクルショップそのものの要因であり、もう一つはリサイクルショップが置かれた事業環境による要因であった。

「リサイクルショップそのものの成立要素」とは、店舗の雰囲気や品揃え、店員の対応、経営者のリーダーシップである。これらは個々のリサイクルショップで対応しようと思えば対応できる。しかし「リサイクルショップが置かれた事業環境による要素」は店舗自身の努力ではどうにもならないことが多い。たとえば「誰もが簡単に出店できるが競合する店が多い」とか、「古着ではないが安くてデザイン性に優れた衣料品店が増えている」といったことである。

前者は出店者側の問題であり、店員を再教育し、品揃えを充実させて、店舗のデザインを新しく変えることなどで対応できる。店舗自体の魅力を高めていくことで、競争力を向上させることができる。企業戦略に照らして見れば、企業内の「資源」に着目しているため、「資源アプローチ」と呼ばれる。

後者はリサイクルショップを取り巻く事業環境の問題であり、リサイクルショップというビジネスにどれほどの「旨味」があるのか、ということに関わってくる。
同業の店が多ければ競争は激しくなり、価格は安くせざるを得ない。また、リサイクルショップが競合するのは同業のリサイクルショップばかりではなく、同等以上の価格とデザイン、品質を備えた新品を扱う店もビジネス上の競合相手となる。このように「リサイクルビジネス」自体にビジネスとしての魅力があるのかという視点がある。その魅力の大きさによってはリサイクルショップを開くことを取りやめる、という選択肢もでてくる。企業戦略として見ると、自社のビジネスをどこに位置づけるかという点に着目するため、「ポジショニングアプローチ」と呼ばれる。

### 資源アプローチ

資源アプローチは、経営者のリーダーシップや店員の能力や商品力など、自社の保有する資源に企業としての強みと弱みが存在するという考え方である。資源アプローチでは、「自社にとって重要な経営資源は何か、それをどのように獲得し蓄積するか」という点に着目し、企業が競争力を高めていくために自社で資源を蓄えて有効活用することが重要であると捉える。

企業が保持しているさまざまな経営資源の中で、他社が真似することが困難な資源を活用することで、企業は他社に対する競争上の優位を得ることができるという考え方である。これをリソース・ベースド・ビュー（Resource Based View: RBV）という。

経営資源は、人材や技術開発力、ブランド、製造能力や販売力、および組織文化などさまざまである。その中で、「複製するコストが大きく、希少価値のために入手が困難なものが、自社の競争優位の源泉になっている」という考え方がRBVである。

そうした「顧客に対して、他社には真似のできない自社ならではの価値を提供する、企業の中核的な力」を、その企業の「コア・コンピテンス（core competence）」と呼ぶ。たとえば、創業時は革製品の製造と販売を行っていたグッチは、現在では革製品に留まらず、服装、香水、宝飾品、時計などを幅広く手がけている。グッチの製品が他社の製品と比べて技術面、品質面で大きな差がなかったとしても、顧客がグッチの製品に高い価値を感じるのは、ブランドというコア・コンピテンスのためである。

資源アプローチの視点では、企業はいかに資源を蓄積し、自社の資源を鍛え活用するかという点が競争上の優位性につながると見る。そのため戦略として、人的資源、知的資源、技術資源等の内部資源をどのように獲得し、形成するかが重視される。それは、他社にない資源を多く持つことで有利な立場に立とうとする戦略である。

### ポジショニングアプローチ「ファイブ・フオーシズ」

ポジショニングアプローチは、企業が置かれた外部事業環境に着目してどのような環境に位置づけるかを考える戦略である。代表的な枠組みが、マイケル・ポーター（Michael Eugene Porter）による、次の５つの競争要因である。

第１は、業界内での企業間の競争であり、企業数や各企業の市場占有状況などが関係する。

第２は、新規参入の脅威であり、現在はそのビジネスに取り組んでいなくても、将来、新たに参入してくることで、競争が激化するという要因である。リサイクルショップの例では流通小売の大手企業が新たに参入し、圧倒的な物流網と商品

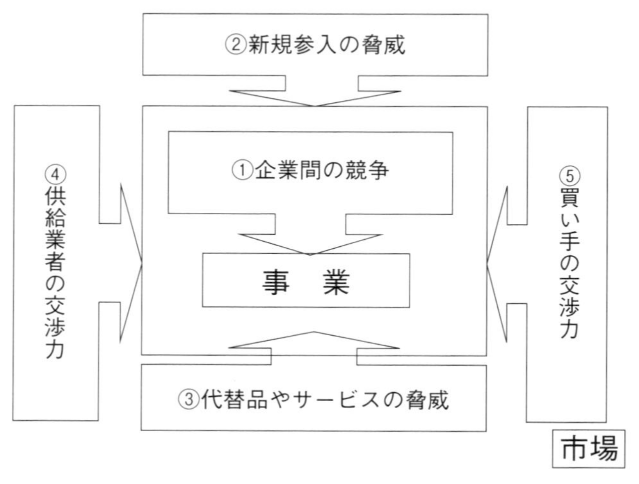


図 9-1　5 つの競争要因

力を持ってチェーン店を展開することで、小規模の店舗の経営が立ち行かなくなるというような状況である。

第３は、代替品やサービスの脅威である。代替品とは、顧客のニーズを自社のやり方とは違う形で満たすものである。今回の例では、ブランドものの古着と同等の品質とブランド力と価格を持った商品が広がることで、販売する商品の優位性や稀少性が失われるという脅威がある。

第４は、供給業者の交渉力である。今回の例では、古着の仕入れ先とどのように交渉して仕入れ価格を決めるかによって、販売価格は大きな影響を受ける。仕入れ側か弱いと、高い価格で商品を仕入れ、高い価格で販売せざるを得なくなる。

第５は、買い手の交渉力である。供給業者の交渉力とは反対に、買い手側の力で販売価格が決まる。買い手が強ければ、高い価格で販売することはできない。リサイクルショップの例では、商品力を高めて差別化し、顧客である買い手がほかのショップで買うより、自店で買う方がメリットとなるように仕向けることになる。

ポジショニングアプローチは、このように５つの競争要因に着目し、極力、競争が少なく、自社にとって有利となるような環境で自社のビジネスを行うことを考える（図 9-1）。

## 9.2　戦略実現へのプログラム＆プログラムマネジメント

抽象的な戦略を具体的な戦術レベルに落とし込むには、戦略をいくつかの「プログラム使命（ミッション）」として読み取り、各々のプログラム使命を実現する「プログラム」として、展開・実施する必要がある。企業が組織や制度（あるいは事業の枠組み）を変えるときには、定常業務ではない新たな取り組みが必要となり、戦略をプログラムに具体化して実践することが不可欠となる。

プログラムは「戦略の意図を可視化し」「ステークホルダーの参加を促し」「必要な経営資源を明らかにし」「経営資源（人、モノ、資金等）をタイミングよく投入し」「事業環境の変化に対して柔軟に対応し」成果を得ることができるように、プロセスを組み立て、実践することである。

プログラムマネジメントはこのような一連のプログラムプロセスを管理し、戦略を実践する役割を果たす。結果は次の戦略策定に影響を与える。

### ミッションプロファイリング（mission profiling）

プログラムでは、上位の戦略を受けて、それが何を目指し、何を行うのか、戦略の目標を具体化するが、上位戦略との整合性が必要である。単に上位戦略を表面的に捉えるのではなく、本質を正しく理解し表現する必要がある。そのために、「ミッション記述」と「シナリオ作成」を行う。

ミッション記述では、「ありのままの姿」（as-is）から洞察し、全体使命の意図をさまざまな角度で解釈し、幅広い価値体系で表現した「あるべき姿」（to-be）を求め、ミッションを実現可能なシナリオ形式にまで展開する。このようにプログラムの初期段階で、プログラムのミッションを描く活動を「ミッションプロファイリング」という（図 3-6）。

ミッションの記述には「現状の問題」とそれを克服した「将来の願望」が示唆される。プログラムミッション（全体使命）は抽象的・多義的であり、文脈として深い意味を持っているので、定義するには、ミッションの本質とは何かを的確に把握し、「あるべき姿」を明らかにし、表現することである。表現する方法として、プログラムの意図を忠実に表現することを重視し、抜けや漏れがないように記述する。そのためには「誰が、何を、いつ、なぜ、どのように、どの方向で、誰に」（Who、What、When、Why、How、Which、Whom: 6W1H）を意識して記述する。

また、ミッション記述では、ミッションを具体化し、いくつかの到達すべき目標（期待する結果）を記述する。さらに、それらの目標を実現するために必要な実施項目に詳細化する。

このようにミッションを定義することにより、プログラムは最初の抽象的表現から、プログラムの目指す到達点へと目標がより明らかになる。何を実現するのか、プログラムの全体像を描くことが可能になる。ただし実際の行動に移すには、さらなる具体化が必要である。そのためには実現へのストーリーをいくつか描き、その中から１つの実行シナリオを選択し決定する。このプロセスを「シナリオ展開」という。このシナリオがプログラム設計のための骨子となる。

### プロジェクトへの展開

ミッション記述とシナリオ作成のプロセスを経て、プログラムの目的（なぜ実施するのかという理由）の理解と、プログラム目標の具体化が行われる。その後、プログラム目標から複数のプロジェクトへの分解という階層化が行われる。プログラムをプロジェクトに分解するには、個々のプロジェクトが戦略の本質と整合していることが必要である。

企業戦略や事業戦略等からただちに個別のプロジェクトが立ち上がるわけではない。戦略を実現するための個々の作業はプロジェクトとして実行されるが、戦略とプロジェクトの間には戦略の具体化や構造化が必要である。プログラムはこの点を担うものである。戦略が示している意味と戦略の本質を問い、どのような戦術が戦略実現のために最も適しているのか、プログラムにおいて個別の具体的な戦術を決定する。次に、その目標をどのようにして達成するのか、シナリオを策定し、複数のプロジェクトに展開する。

戦略実践におけるプログラムマネジメントの役割とは、具体的な戦術をプロジェクトの集合として捉えて、プログラムという形式に設計し実行することである。プログラムにおいて、個々のプロジェクトの詳細が設計される（図 9-2）。

戦略からプログラムに展開し、プロジェクトを実現した代表的な例として「アポロ計画」がある。米国のジョン・F・ケネディ大統領は、1961 年に「10 年以内に人を月に送り、無事に連れ戻す」と宣言した。

当時の米国が必要とした戦略は、ソビエト連邦との冷戦という構造の中で、宇宙技術開発で遅れをとっていたソビエト連邦を宇宙技術開発で追い抜き、国家安

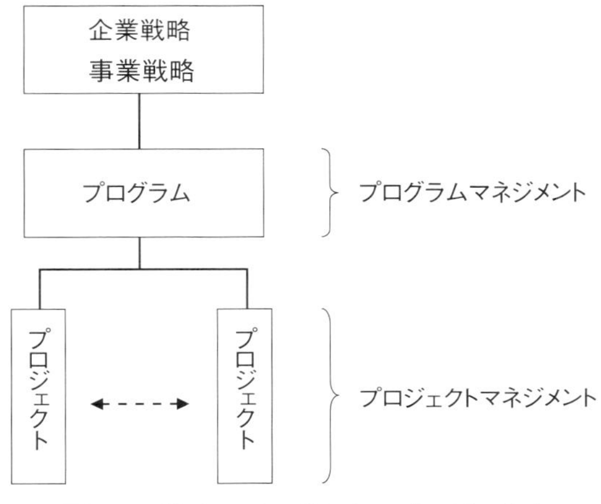


図 9-2　戦略、プログラム、プロジェクト

全保障面での優位性を確保することであった。アポロプログラムは、その国家戦略を「月まで人を送り、連れて帰る」という戦略目標として示した。月への有人飛行という戦略目標の達成には、複数のプロジェクトが必要となる。研究開発プロジェクトだけでも、ロケットの設計から飛行経路の計画、生命維持装置の開発、宇宙服の開発等、無数のプロジェクトを計画し実施する必要がある。それらの具体的な実践行動へ展開し、個々のプロジェクトにおいては、複雑で困難な技術的課題に対応する。それらのプロジェクトの目標を整合性のとれた状態で明確にし、目標期限に向けて個々のプロジェクトのスケジュールを調整し、全体計画をコントロールすることがアポロプログラムにおいて必要とされた。結果として、1969年7月、世界で初の月面への有人着陸飛行に成功した。

### プログラムガバナンス

プログラムに関するガバナンスとしては、さらにそのプログラムの上位意思決定者との間で合意されたミッション・目標に対する達成度合いを確認し、必要に応じプログラム実行主体者では及ばない調整を実施していく必要がある。プログラムガバナンスはプログラムの所有者であるプログラムオーナーの責任のもと、経営的な視点で実施される必要がある。

主に次のような対応が考えられる。

・プログラム間で発生したコンフリクトを解消すること
・プログラムがその全体使命の達成が難しくなってきた場合の事業全体戦略を修正すること
・事業環境の変化などによる全体戦略の修正に伴うミッションについて調整すること

**プロジェクトガバナンス**

プロジェクトに対するガバナンスとしては、プロジェクトはプログラムの全体使命を果たすための一構成要素でもあるため、プログラム側はそのプロジェクトの実施状況に応じさまざまな統治を行う必要がある。

具体的にはそのプロジェクトに対する補強や軌道修正のみならず、必要に応じ中止や統廃合、リーダーを含めた体制変更など、上位のプログラムとしての目的達成に主眼を置いた対応を行う必要がある。

このためプロジェクトの状況を適時把握できる仕組みを構築することが重要であり、プロジェクトの成果指標を定め、定期的に可視化していく必要がある。具体的にはポートフォリオマネジメントなどの手法が役に立つ。

プロジェクトガバナンスを適切に効かせていくためには、プロジェクトが成果を出すための事業環境を整え、プログラムを構成するその他のプロジェクトとの関係性など、特にプロジェクト側からではコントロールができない部分においてプログラム側で状況を把握して対策を取っていく必要がある。自律的に活動させ成果が出るように事業環境構築のみにとどめるか、より中央集権的にプログラム側でプロジェクトに介入していくのかは状況に応じ判断する必要がある。

プログラムの下のプロジェクトに対するガバナンスはプログラムマネジャーの責任によって行われるが、複数のプログラムを含めたプロジェクトのガバナンスを組織全体で行う場合は、プログラムマネジャーだけでなくプログラムオーナーも参加して行う。

プロジェクトへの介入としては次のような対応が考えられる。

・予定していた期限ないし成果に達しない可能性が出てきた際には資源補強および再計画を検討すること
・事業環境が変わり、求められる成果とプロジェクトが目指していた成果に乖離が生じたときには中止または軌道修正をすること

・リーダー選択のミスマッチ等による問題点を解決するための体制を変更すること
・プロジェクト間で発生したコンフリクトの調整や、状況に合わせた全体スケジュールを修正すること
・予算が予定通り消化されていない場合には他のプロジェクトへの再配分を検討すること

これらは、前述の経営戦略を構成する各要素に関し、方向性を与え状況に応じ軌道修正していることにほかならない。

### ポートフォリオマネジメント

プログラムやプロジェクトは企業戦略のもとにその使命を実現する活動であるが、これらの活動を統括して合理的なバランスで管理することをポートフォリオマネジメント(portfolio management)という。

ポートフォリオマネジメントでは、企業の共有する資源をどのようなプログラムやプロジェクトに活用すべきかを考えるところから、実行中のプログラムの資源共有の最適化や品質の向上、終了したプロジェクトの効果測定などを総括的に監視し、マネジメント視点の判断をする。

### プロジェクトポートフォリオとプロダクトポートフォリオ

企業活動とは企業が保持する全てのプロジェクトから得られる価値や収益を最大化することである。プロジェクトポートフォリオマネジメント(project portfolio management)は、そのためのフレームワークとプロセスを提供する手法である。プロジェクトポートフォリオ(project portfolio)では、企業における全てのプロジェクトの相対的評価とリスクを表現する。複数の評価項目を組み合わせて、プロジェクトの優先順位をつけ、グループ化し、それに基づいて意思決定や変更を行う。画一的な評価項目はなく、各業界や企業に適した評価項目を選択し、尺度を設定することが重要である。評価項目としては、市場規模、市場競争力、収益力、成功確率、投資コストなどさまざまな例がある。評価項目を軸にとってプロジェクトを評価し、図にマッピングすることで各プロジェクトの相対評価ができる。

一方、分析型思考法の一つであるプロダクトポートフォリオマネジメント

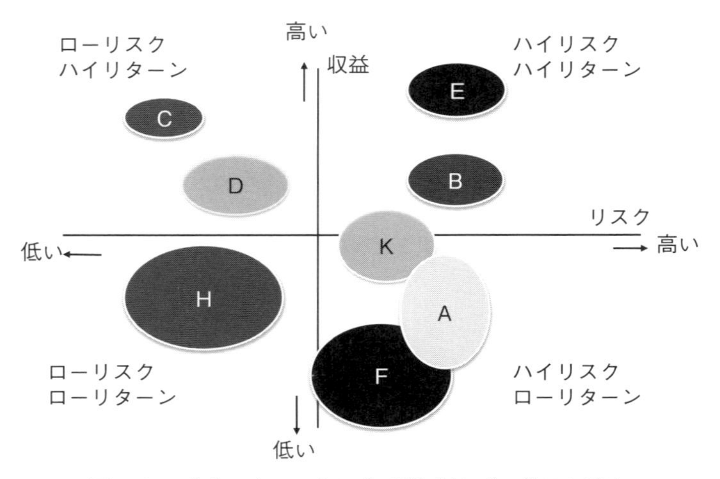


図 9-3　バブルチャートによる戦略的プログラム選定

(Product Portfolio Management: PPM)では、バブルチャート(bubble chart)を利用してバブルの大きさと2つの軸を使って、プログラムやプロジェクトの選定を支援している。バブルチャートによる戦略的プログラム選定（図 9-3）はリスクの高低と収益の高低を2軸とした事例である。この例では、ハイリスクであるが収益の期待ができるプロジェクト(E)と収益は少ないがリスクもないプロジェクト(H)を組み合わせて実施しようなどというマネジメントの判断をしている。ポートフォリオで一般的に使われるのが図 9-3 のようにリスク（横軸）と収益性（縦軸）に設定したバブルチャートである。

縦軸に技術的な観点から見たプロジェクトの成功確率を、横軸にプロジェクトの収益性を表現したチャートもある。プロジェクトをマッピングし、バブルの大きさ、色等によって、プロジェクト投資金額の大きさ、プロジェクト進捗度等を表現することもある。

図 9-4 は､4つのゾーンに分類して次のように評価するプロジェクトポートフォリオの事例である。

(1)　真珠(pearl)

ローリスク・ハイリターンの領域。リスクが小さく、付加価値の大きなプロジェクトが存在している。企業として投資最優先の領域である。

(2)　バターつきパン(bread and butter)

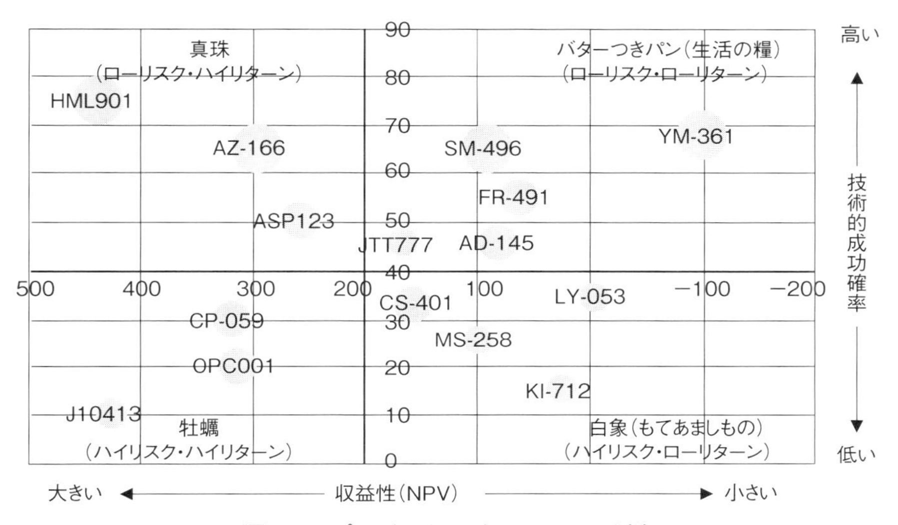


図9-4　プロジェクトポートフォリオ例

ローリスク・ローリターンの領域。企業が継続していくためには不可欠なプロジェクトが存在している。付加価値は大きくないがリスクも少ないため、過去の技術や製品を活用して改善等を行い、用途を広げるプロジェクトがこの領域に位置づけられる。安定的に収益を上げるプロジェクトであることから、「日常的に食べていくため」の領域といえる。

(3)　牡蠣(oyster)

ハイリスク・ハイリターンの領域。当たるか、外れるか、かなり難しい技術開発を伴うプロジェクトが位置する。付加価値が高いため、この領域のプロジェクトを行うことは企業にとって成長のために不可欠である。技術的なブレークスルーができれば、大きな収益を上げることが期待でき、将来的には真珠の領域に入ることができる。

(4)　白象(white elephant)

ハイリスク・ローリターンの領域。「もてあましもの」となっているプロジェクトが入る。「白象」はタイでは神聖視される一方で飼育に多額の費用がかかるため、失脚させたいと思う部下に王がわざと白象を贈ったという寓話から、「やっかいもの」という意味で使われる。この領域のプロジェクトは撤退することが基本だが、戦略的に新しい技術を開発し、ほかへの転用などを考える場合に、意図的にこの領域のプロジェクトをつくり出すこともある。

## ● 9章の演習課題 ●

9-1　あなた自身の学習や就職活動などに際して、考えているいくつかの戦略を整理し、それらをリスクと収益の視点で分類して評価しなさい。

# 第3部

# プロジェクトへの挑戦

## （Jumpへの扉）

第2部までに、プロジェクトに関する基礎的な知識を学んだ。しかし、プロジェクトの一面に触れただけであり、本質を正しく理解することは困難であろう。プロジェクトにはいろいろな側面があり、与えられるミッションも二つとして同じものはないからである。そこで第3部では、身近な問題状況に触れて、解決すべき課題を取り上げて局所的なグループ演習を実施する。演習を通してプロジェクトの解決プロセスを理解し、問題点を分析するという経験によって、効果的にプロジェクトを理解しようという趣旨である。

# 10章

# グループウェアとプロジェクト活動

プロジェクト活動をひとことで説明すると、何かを企画しその目標に向けて計画し、それを実行に移して実現することといえよう。しかし、１人で実施するプロジェクトはほとんどなく、多くはグループやチームを形成し、目標を達成することになる。そこで、グループ活動を支援するグループウェアについて理解することから始めよう。この章では、グループ活動を通して、プロジェクトマネジメントの本質を理解するとともに、プロジェクトのライフサイクル、スコープマネジメント、引き渡し管理などの基本的な手順について学ぶ。

## 10.1　プロジェクトの遂行計画と目標管理とは

個々のプロジェクトに対する考え方は、「その目的と目標、解決方法、具体的な手段や行動指針を規定することによって」明確にすることができる。プロジェクトの遂行にあたっては、定常業務とは別の組織を形成する。その際、ミッションに関する専門的な知識やスキルを持つ人材でチームを編成し、情報を共有しやすい環境を整備して協働する。この組織はプロジェクトが完了すると同時に解散する一時的な組織である。

プロジェクト活動を効率よく推進するためにグループウェア(groupware : collaborative software ともいう）を活用する。グループウェアはチームの情報共有など、業務の効率化を目指した機能を統合したシステム環境である。主な機能として、電子メール、電子掲示板、ライブラリ（情報ファイル、仕様書などのドキュメント）、スケジュール管理、電子決済、およびファイル共有などがある。これらの機能を、メンバー専用に設定することで、効果的にプロジェクト活動を支援できる。

同じ目的に向かって力を結集し、特定使命を達成するためには、確固としたチームメンバーの共通理解が必要となる。そのためにプロジェクトの遂行計画を作成する。

近年では、プロジェクトの遂行は1社や1国だけでなく、たとえば国内の2社が共同開発し、海外の企業が詳細設計を行うといった協業も少なくない。特定技術や開発規模によるリソースの確保、開発予算の制約から低コストのリソースを活用する必要が生ずるからである。プロジェクト遂行計画は、どのような環境でも共通理解が得られるように作成することが重要で、グループウェアの活用はその基盤となるものである。

**プロジェクトの遂行計画事例**

プロジェクト遂行計画の内容は、プロジェクトの業種や規模や性格によって異なるが、ここでは簡単な事例で考えてみよう。

事例10-1　あなたは研究成果発表会というプロジェクトのマネジャーに指名されたとする。

このプロジェクトは、学部学生の研究成果の発表であるが、学外からも参加者を募る規模の大きなものである。実施は1年先で、2日間の日程で行われる。

このプロジェクトの実施計画に織り込む事項として次の4点があり、これらは書類にまとめなければならない。

(1)　プロジェクトのミッション記述（目的・目標は何か）
学部課程の研究は学外でも認められつつあり、他大学と交流しながら研究成果を公開することで発表レベルも向上している。参加者の規模は計画段階で決定するが、2日間で行う発表は20件程度を想定し、このほかに教員によるパネルディスカッションを1件企画する予定である。達成目標の評価は、当日のアンケート結果で90%以上の参加者が満足と回答することである。

(2)　遂行組織（チームづくり）
遂行組織を決める場合に、それぞれの担当（人数、担当者等）・責任範囲・権限（使ってよい費用など）を明確にすることが重要である。誰に何の責任があり、それを実行する権限を持つといった内容を記述する。これが不明確であると、組織がつくられても機能しないので要注意である※1。

※1　P2M標準ガイドブック改訂3版第4部第3章プロジェクト組織マネジメント参照。

プロジェクトのスポンサーは教員になってもらうのが慣例となっている。スポンサーにはいろいろな定義があるが、予算を持つプロジェクトマネジャーの上位にいる者である。

このプロジェクト組織には、次のような4つのチームが考えられる。

A　プロジェクトマネジメントチーム（全体管理、スケジュール・予算管理等）

B　企画チーム（当日のプログラムづくり、発表概要の確認）

C　広報チーム（集客戦略の立案、パンフレット作成、集客）

D　運営チーム（当日の運営）

プロジェクト成功の鍵は人集めである。プロジェクトマネジャーもメンバーも皆が協力してプロジェクトを動かすことがポイントである。

(3)　プロジェクト実行予算

プロジェクトの実行に欠かせないのが、お金の裏づけである。このプロジェクトの場合は、会場は大学の講堂を使用する計画であり、当日の運営・設備利用費などは不要となる。支出は細かな雑費であり、予算の大半はパンフレットの作成など広報費用となろう。当日の参加費は無料とすることが決まっており、今回は学部予算から70万円が拠出されることになっている。そこで、関連する作業を分析し予算を計算し、実行予算を立案して、遂行計画書の一部として利用する。プロジェクト遂行中に実績コストを集計しチェックする。

プロジェクトの終結時にスポンサーに収支決算を報告する必要がある。

(4)　プロジェクト実行スケジュール

遂行計画では、プロジェクトの目標達成の道標となるスケジュールの作成が必要である。プロジェクトスケジュールの作成とその管理にはいろいろな方法（次章で学ぶ）があるが、このプロジェクトでは「企画を詳細化し決定するとき、それを発表し広報活動として学内外に公表するとき、当日のプログラムが決定され集客を開始するとき」が、それぞれの主要なマイルストーン（重要な道標）となる。作業は「発表者を募ること、最終的なプログラム内容を決定すること」と、「当日のプログラムを設定すること」の2段階になろう。それぞれの期間を設定し、開催日程に無理がないようにスケジュールを組み立て、完成したスケジュールをプロジェクトチームメンバーの管理基準として遂行計画書に添付する。スケジュールでは、個々の作業の時間軸として目標を管理する。

組織や実行プロジェクトスケジュールは、図表で表現するのが一般的である。理解を深めるために、事例 10-1 の組織図例（図 10-1）と実行プロジェクトスケジュール例（図 10-2）を示す。

プロジェクト遂行計画で忘れてはならないことがある。それは、プロジェクト

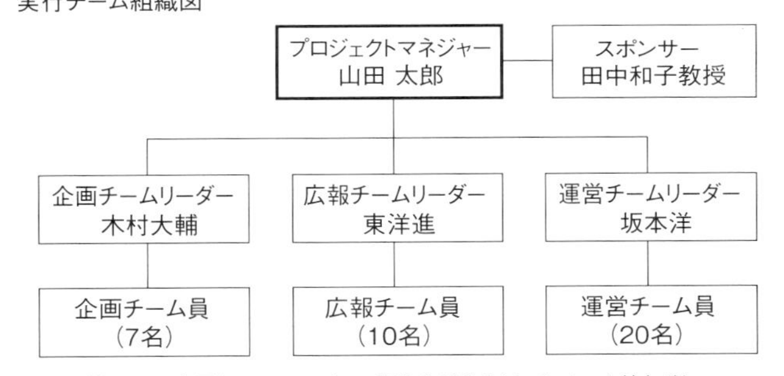


図 10-1 組織図例

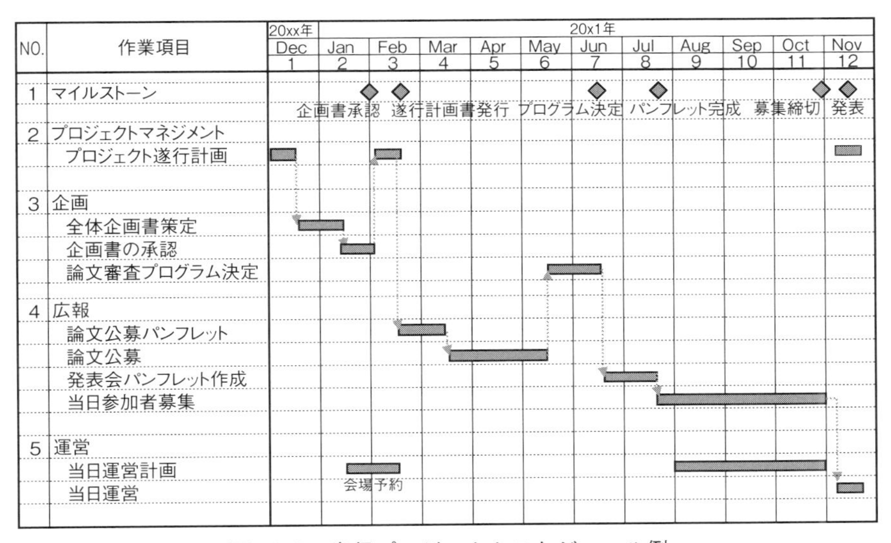


図 10-2　実行プロジェクトスケジュール例

目標を含むプロジェクト遂行計画の承認である。承認されていない遂行計画は効力がない。上位組織の承認（オーソライズ）が出ると、プロジェクトを進めることができる。この場合は、スポンサーである教員の承認をもらい、遂行計画を実行に移すことになる。

## 10.2　プロジェクトのライフサイクル

プロジェクトには「始まり」と「終わり」がある。事例10-1では、教員が実施すると決めたことを、学生の1人がプロジェクトマネジャーとなって、遂行計画を起案する。さらに、人を集め計画を詳細化し、発表会を成功裏に終わらせ、他大学との交流や研究発表レベルの向上という使命がある。このように、プロジェクトには基本計画・詳細計画・実施・終結といった段階（フェーズという）がある。プロジェクトは通常これらのフェーズに分けて進められ、フェーズをまとめた全体をプロジェクトのライフサイクルという。プロジェクトによってライフサイクルの特徴は異なる。また、10.1節で遂行計画の承認が必要であると触れたように、それぞれのフェーズは承認されて始まり、それぞれの成果を生み、次のフェーズへと進んでいく。

### フェーズとライフサイクル

プロジェクトマネジメントではフェーズとライフサイクルを重視する。プロジェクトの目的・目標、品質※2、コスト、スケジュール等、顧客満足を保証する手段として「審査・確認」の仕組みを明確にし、各フェーズにおける作業があらかじめ定めた要求を満足していることを確認した上で次のフェーズに移行する。そうすることで後戻りする（予算の超過、スケジュール遅延につながる）失敗などを防ぐことができる。

ここで一般的なプロジェクトのフェーズを紹介する。**図10-3**に示すような4フェーズがあり、それらのフェーズ内で完成すべき仕事について記載する。何らかのチェックポイント（またはゲート）を置き、次のフェーズに進むときに上位職の承認を得るという考え方があり、この方法もライフサイクルマネジメントに

---

※2　プロジェクトでつくり出される成果物のみならず、成功を導くマネジメントがなされているかのマネジメントの品質を含む。

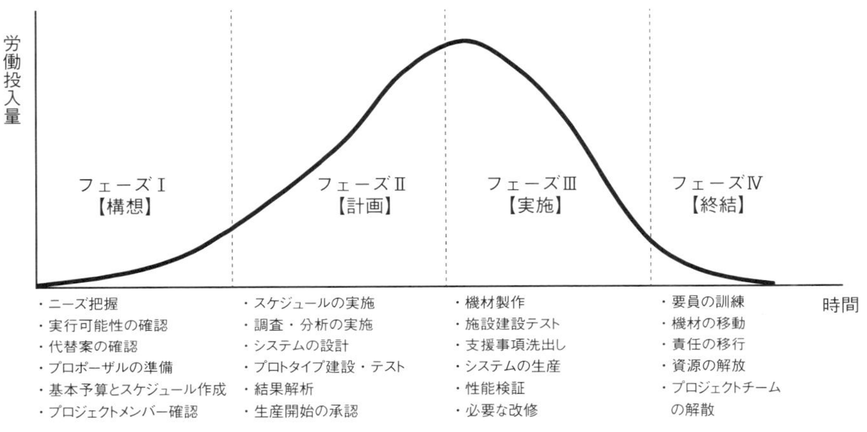


**図 10-3　プロジェクトのフェーズごとの仕事と仕事への労働投入量**

取り入れられている。使われる用語にもいくつかあり、構想(conceptual)はFS(feasibility study)、計画(planning)は定義(definition)と設計(design)、実施(execution)は生産(production)と調達・建設(procurement construction)、終結(closing)は引き渡し(turn-over)のように使われることが多い。

NASAのアポロ計画の宇宙システム開発が行われた当時は4フェーズで説明するケース（**図 10-3**）が多かったが､昨今ではプロジェクトの本格着手前の「事前の提案フェーズ」とシステム開発完了後の「運用保守フェーズ」が加わった6フェーズとしている。プロジェクトは業種やプロジェクトの目的・性質ごとに異なり、ライフサイクルも異なる。

### ライフサイクルマネジメント

一つのプロジェクトを特徴のあるフェーズに分け、その特徴に合わせて管理することでプロジェクト全体を最適化することをライフサイクルマネジメントという。プロジェクトライフサイクルでは、**図 10-4**のように、それぞれのフェーズごとにデザイン・計画・実行・調整・成果のプロセスを回すプロジェクトマネジメントサイクルが組み込まれる。プロジェクトの各フェーズの終わりで次のフェーズに進めるかどうかを決定する。

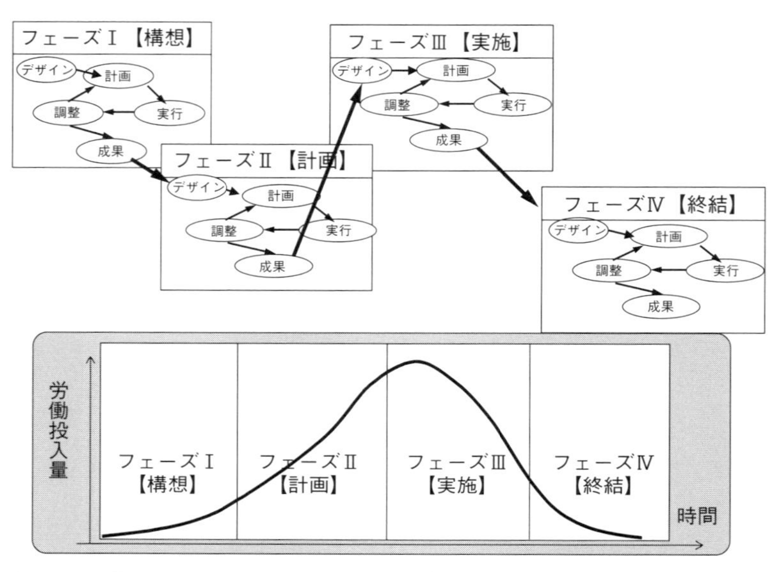


図 10-4　プロジェクトライフサイクルとプロジェクトマネジメントサイクル

## 10.3　プロジェクトのスコープ計画

プロジェクトマネジメントの初期におけるプロジェクト計画は、プロジェクトを成功させるために重要な作業である。プロジェクト計画で最初に実行しなければならないのがスコープ計画の作成である。

事例 10-1 で考えてみよう。このプロジェクトを遂行、完了させるために、何を準備し何を行わければならないかを検討・立案するのがスコープ計画である。大きく捉えるなら、発表会を組み立てる企画を行い、宣伝広報を実施し、当日の運営を行うことがこのプロジェクトのスコープである。

仔細に見ると、プロジェクトで何かをつくり上げたり、成し遂げたりすることは、「プロジェクトの成果物創出活動」と「プロジェクト遂行のマネジメント活動」に分けられる。前者は、「論文、新製品の製作、建設」などのつくられるそのものであり、プロジェクトの成果物創出活動である。これはライフサイクルをフェーズに分けて実行するが、つくられるものによってその活動は異なる。後者は、プロジェクトを完成させるために決められた制約条件（納期、資源（人・もの）、予算など）の中で、手順よく効率的に業務を遂行するマネジメントそのものである。このプロジェクトマネジメントは、全ての成果物創出活動に対して共通に適用される。また、スコープには、大きくものの供給範囲（スコープオブサプライ）と、サービス提供の役務範囲（スコープオブサービス）とに分けられる。ここで一番重要なのが、スコープ計画である。

### スコープ計画

スコープ計画ではプロジェクトの最終目標を達成するために必要な全ての作業・資源を分析し、それらを確実に実施する計画を立てる。さらに、必要な資源が確保されることを保証するための一連のプロセスを確認する。スコープ計画にとって重要なことは、与えられた要件において当該プロジェクトに含まれる製品またはサービスの範囲を明確にし、そのために必要な作業を定義し、それぞれの作業の分担を決めて実行させる計画を立てることである。スコープ計画で実施する作業は、スコープ計画に加え、時間管理、予算管理などの基礎データをつくるプロジェクトマネジメントの基本的な作業となる。スコープ計画を完成させることは、プロジェクトの進捗による環境・制約条件等の変化に伴うスコープの変更管理ができるようにすることである。

### WBS（Work Breakdown Structure）

プロジェクトマネジメントのスコープ計画を実施するときの道具（ツール）としてWBSがある。WBSは、ハードウェア、ソフトウェア、施設、その他についてのプロダクト・オリエンテッドな分割系統図である。それはプロジェクトの目的を達成するために実行されるべき全ての作業を定義し、階層化し、表示する。プロジェクトは構成するいろいろな業務が有機的に組み合わされた集合体であり、全体で１つの目的を達成するシステムとして認識される。したがって、プロジェクトの遂行ではまずWBSをつくることが大事である。プロジェクトをトップダウンに階層状に分割していき、最終的に計画と管理を行うのに最適な規模まで細分化し、相互関係を表したのがWBSである。このWBSの展開は管理のポイントとして、作業と管理上の最小単位に到達するまで実行される。その方法を(1)〜(3)で説明する。

(1)　作業分割

通常はプロジェクトで作られるモノ（製品など）とそのための作業が構成要素となるが、これらの要素は当該プロジェクトがどのように管理されるかを念頭において決定されなければならない。たとえば､作業分割のレベル1は、プロジェクトの全体を示す。レベル2では作業カテゴリーなどの機能的な面から分割する。図10-5の事例では、設計、調達、建築となる。それぞれの構成要素は、進捗度の測定と成果の検証が可能なように分割される必要がある。

(2) 各要素の定義

構成要素の精度が十分であるか否かについて､作業分割の妥当性を検証する。各構成要素には適切な日程目標と予算を付与することができ、当該作業の実施担当者を特定できることを検証する。もし不十分であれば、適切な管理ができるところまで分割または統合する。

(3) WP（Work Package）と作業

WBSの最下位レベルの作業要素をWPと呼ぶ。1つのWPは、通常1つの組織内における1人の責任者の下で実行されるが、それらは、作業の固まった1つの成果物もしくは仕事である。たとえば､ある研究（または技術調査）､報告書、実験、試験、仕様書、ハードウェアの要素（またはソフトウェアの要素）､個々の製品･作業､プログラムなどである。このWPはさらに作業（アクティビティ）に分割され、プロジェクトマネジメント上のデータ収集単位および実績原価集計の最小単位としての機能を持つ。

WPへ分割する上で注意すべきことは次のような事柄である。

・予算割りあての最小単位であること
・作業範囲と作業履行責任部門（責任者）を明確に定義できること
・作業の開始点と終了点を持つこと
・明確なインプットとアウトプット（成果物）を持つこと
・仕事量を予測できること
・生産性測定の基準となること

WBSの各作業項目は、一般にアカウントコードと呼ばれるユニークな識別番号がつけられる。 WBSの表現にはいろいろな形がある。また、類似の階層構造には、プロジェクト全体を表現するために、OBS（Organization Breakdown

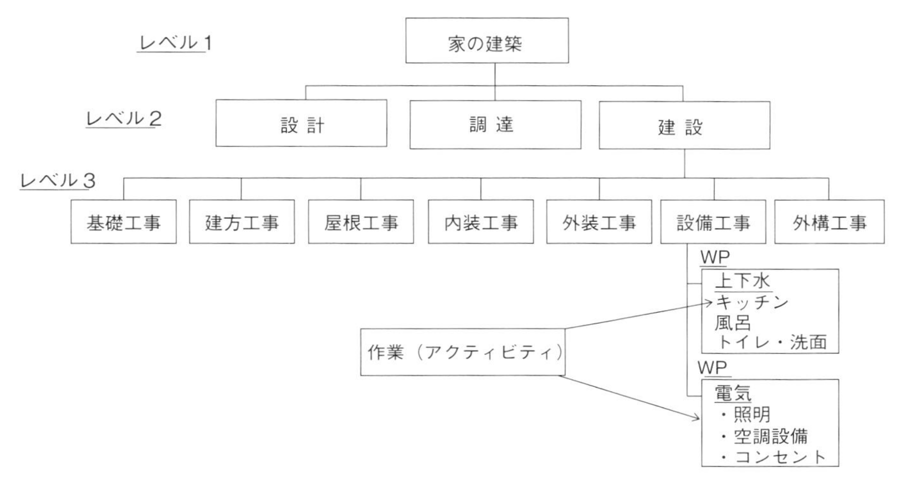


図10-5　家の建築プロジェクトのWBS例

Structure)※3やCBS(Cost Breakdown Structure)※4などがありWBSと合わせて表現されることが多い。

プロジェクトは個別性が高いので前述の基本を捉えることが重要で、WBS作成の標準的な基準はない。個々のプロジェクトで異なるが、ほとんどのプロジェクトでは似通った部分が多く、類似プロジェクトで作成したWBSを新規のプロジェクトのドラフトとして利用できる。企業やそれぞれの作業分野では、標準として取り扱う設備・機種ごとにWBSを確立・準備しておき、プロジェクトの特異性に合わせ、個々の作業を削除・追加・分解・統合して使用することが効率的である。

## 10.4　進捗と変更の管理

プロジェクトの進捗と変更を管理するために、スコープ計画にしたがって当該プロジェクトの管理のためのベースラインをつくることから始める。管理のベースラインには、スケジュールベースライン、コストベースラインと呼ばれるもの

※3　OBS：組織の階層構造
※4　CBS：コストの階層構造

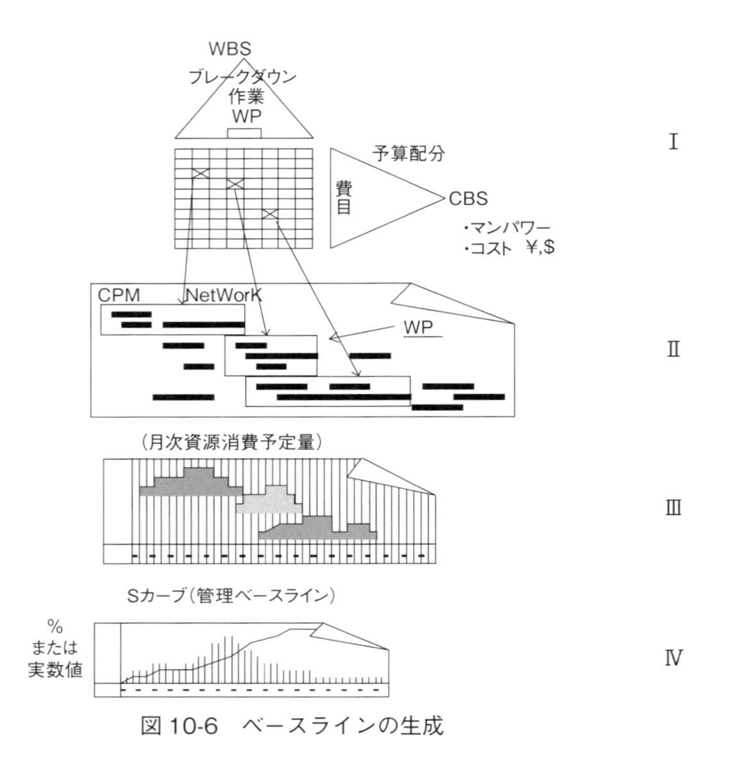

図 10-6　ベースラインの生成

がある。進捗や作業の状況によって変更がある場合に基準がないと管理をすることが困難である。

### プロジェクトベースライン

スコープ計画で決定されたWBS、WP、アクティビティと、時間軸に置かれるアクティビティは、プロジェクトのスケジュールやコスト（予算）の基本となる。これはプロジェクトマネジメントでのベースラインとなる。**図 10-6** は、ベースラインがどのようにつくられるかを説明したものである。

**図 10-6** 内にある、ⅠからⅡに向かう矢印はWPの作業を分解し、アクティビティを時間軸上に計画したものである。Ⅱが、人的資源の割り当てであると考えれば、人の投入量によってWPの所要期間が決まり、作業スケジュールをWPと関連づけて作成できる。ここで、プロジェクトの全体期間は、アクティビティの長さと作業順序によって決まる。Ⅲでは、Ⅱの作業スケジュールに基づいて各アクティビティ

の資源を月次で集計している。Ⅳは、Ⅲの資源の月次累計の値をプロットしたもので、そのカーブがSの字に似ていることから、Sカーブと呼ばれる。こうして管理のベースラインができる。

### ベースラインに基づく進捗・変更管理

プロジェクトの進捗は0%から100%（終結）で表現される。進捗管理とは、月次や隔週に、実績値（実際の個々のアクティビティの始まりと終わり、実際に要した人数）をつくられた管理のベースラインに対して入力し、たとえば3ヶ月目で計画が35%であるのに対して実績は30%であり、5%の遅れが生じていると判断することである。

変更とは、プロジェクトの仕事の全てを通してWBSの変更、WPの追加やベースライン作成での資源配分の変更である。さらに、WBSは変更しないがスケジュールの短縮などがあれば、それも該当する。広義には、計画時からのスコープ変更をいう。

事例10-2　学園祭でのイベントを想定して、ものの供給範囲とサービスの提供範囲について説明する。

演台、舞台照明などの大道具は大学側か準備、演奏する楽器等の小道具はイベント実施チームが用意すると考える。これがものの供給範囲で、それらを計画通りに準備するのがサービスの供給範囲となる。しかし、その中で次のような事象が発生すると、スコープ変更を引き起こすことがある。

・もの・製品またはサービスを定義し、提供する際の見落とし、定義に対する理解不足や誤解
・外的要因の変更（学内の規則、関連法規などの変更）
・付加価値を見直すための変更((Value Engineering: VE)や新技術採用によるコストダウン、改善の新提案など)
・顧客要求事項の変更など

そこで、これらの変更を統制するには、スコープ変更管理システム（スコープ変更要領書など）が必要となる。スコープの変更管理の業務手順を記述したもので、プロジェクト全体の変更管理システムの一部として位置づけられる。その構成は、変更に関わる事務処理手続き（変更は決められた書式で提出する）、変更

項目の追跡管理システム、いかに変更は認められるかという変更事象の承認レベルなどである。

スコープの変更は、他のマネジメント項目（リスクマネジメント、タイムマネジメント、コストマネジメント、品質マネジメントなど）と相互に関連があり、常に他のマネジメント項目と整合をとりながら実施することが必要である。

### 変更管理要領

プロジェクト運営で大切なことは、ベースラインの変更を起こさないようにすることであるが、変更が生じた場合には、その影響に関して協議し、互いに合意できる対応策を速やかに講じる。一般的な要領は次の通りである。

(1) 変更管理の要領

プロジェクト開始の時点で、契約時の条件から変更が生じた場合の処理方法についてあらかじめ変更管理の要領を取り決めておく必要がある。主な要領として、「変更の発生と承認の手続き」「変更原因」「費用の見積もり方法と契約金額の調整方法」および「スケジュールの調整方法」などがある。

(2) 変更の実施

変更の実施が確認された場合は、定められた要領にしたがって、速やかに関係部門に変更の実施を連絡する。必要に応じてコストやスケジュールのベースラインの変更を実施し、関係部門に徹底する。

(3) 変更の進捗管理と報告

管理台帳を作成し、変更の進捗を一元的に管理し、実施状況を確認するとともに関係部門および顧客に報告する。

### ● 10章の演習課題 ●

10-1 事例10-2の学園祭プロジェクト内容を検討し、WBSで表してみよう。

10-2 学園祭をテーマとしたプロジェクトを実施したい。具体的なライフサイクルを検討しよう。また、標準フェーズを参考にしながら、このプロジェクトがどのように進んでいくのかをまとめてみよう。

# 11章

# プロジェクトの目標と管理

前章ではプロジェクト活動の流れに注目したが、この章ではプロジェクト活動の評価に関係する重要な3要素（品質、コスト、工期）と、それぞれの指標に注目する。また、3要素を理解する上で重要な関わりを持つマネジメントのプロセスと関連する技法について学ぶ。

## 11.1 プロジェクト活動の評価

プロジェクト活動の評価における3要素（品質、コスト、工期）の間には相互に密接な関係がある。たとえば、品質を高めるとその分コストがかさみ、製作に関わる工期も長くなる。これをプロジェクトマネジメントでは、品質、コスト、工期のトレードオフ※1という。

トレードオフのプロセスは、複数の代替案を検討し、その中から3者間の最適なバランスをとり、合理的な工期と経済的なコストで適切な品質を獲得できるも

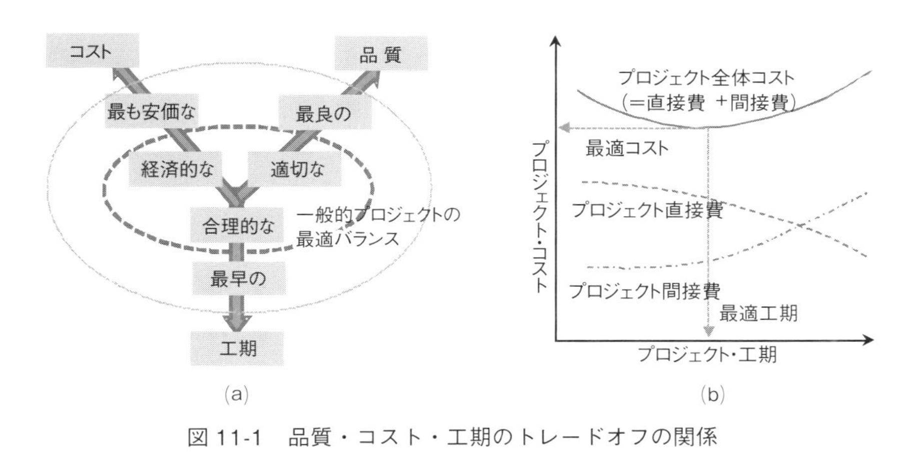


図 11-1　品質・コスト・工期のトレードオフの関係

※1　トレードオフでは、一方を追いかければ、他方が疎かになるという二律背反の関係。

のを選択する方法であり、この結果が意思決定判断の基準となる（図11-1(a)、(b)）。

## 11.2　品質マネジメント

品質マネジメントは、顧客の要求に適った品質を持つ製品（またはサービス）を経済的につくり出すための一連の業務プロセスであるといえる。したがってプロジェクトチームは、求められている品質を経済的、効果的に調査・設計・生産・販売して、顧客に安心かつ満足して使用してもらうことを、常に目指している。また、プロジェクト活動では品質マネジメントを徹底することによって、欠陥を早期に見つけ、コストやスケジュールへの悪影響を最小限にすることを重視している。

よって、品質マネジメントとは、経営方針およびプロジェクトの方針（計画・契約）に基づき、あらかじめ定めた品質計画、品質保証、品質監査、および品質改善を行う活動である。

品質とは、備わっている特性の集まりが要求事項を満たすことを意味する。特性の集まりとして、物質的（機械強度、化学物質、および電気伝導度など）、感覚的（色、匂い、音など）、行動的（誠実、正直など）、時間的（時間の正確さ、信頼性など）、人間工学的（安全など）、および機能的（自動車速度など）などがある。要求事項には、契約などで明示されているもの、暗黙のうちに了解されているもの、要求されているニーズや期待などがある。

### プロジェクトマネジメントの品質

プロジェクトでは、最終製品の品質確保のみならず、プロジェクトのやり方や管理手順を客先に示し、マネジメントでの品質を保証する。その際、管理項目には、組織、ライフサイクル、スコープ、コスト、タイム、資源、リスク、情報、バリューエンジニアリング、およびコミュニケーションがあり、これらはまたプロジェクトの個別マネジメントの全てに共通するものである。

このようにプロジェクトマネジメントでは、プロジェクトの目標を達成するために、それぞれの管理項目に対して、計画、実行、調整、成果の手順を適用する。経営者はプロジェクト（プログラム）の品質達成を目指した経営の方針を設定する。経営の方針策定にあたって次のことが考慮される。

(1)　顧客のニーズを明確に理解する。
(2)　最終製品の目標品質とプロジェクト管理手順の品質を設定する。
(3)　設定された製品の品質と手順の品質を達成するための環境を整える。
(4)　プロジェクトのライフサイクル全体および各プロジェクトにわたり継続的な改善を実施する。

これらの経営方針に照らして、品質方針を設定する。以上は、品質マネジメントで重視される考え方である。

**品質マネジメントのプロセス**

プロジェクトの品質マネジメントは、品質計画、品質保証、品質管理のプロセスで実施される。品質計画とは、契約に基づいて最も適切な品質水準を設定し、満足する方法を決定することである。品質マネジメントのポイントは、検査で品質を達成するのではなく、品質計画で達成するという考え方である。品質保証は、顧客が要求する品質を保証する一連の活動である。最近では、社会や環境（低公害性、製造責任、および環境破壊性など）に対する責任にも配慮が必要である。

このように品質マネジメントでは、定められた品質基準に適合しているか否かを検査し、不満足な結果が得られた場合には、その原因を調査して取り除く手段を講じることが重要である。

## 11.3　コストの管理

コストマネジメントでは、WBSの各WPの遂行に必要なコスト（資源）を割り出し、対応する予算を割り当てて全体予算を策定し、制約条件となる予算を管理する。具体的には、コストに注目して見積もり積算、収支検討、予算配分、および進捗管理を計画しコントロールする過程で、さまざまな課題を解決し、予算の変更を引き起こす因子を予見・管理する。

コストの構造を

コスト＝$f$（数量、単価、効率）

のように、関数で表現することがある。この場合の変数の「数量」は物量や作業量であり、「単価」はものや人に関する単価である。また、「効率」とは作業の効

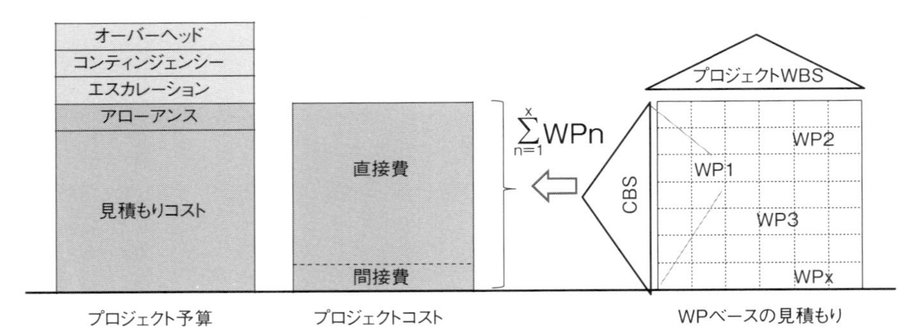


図 11-2 プロジェクト見積もり原価と予算

率を意味している。プロジェクトのコストは、それぞれの WP のコスト見積もりをベースに、全体の予算を設定する。

### プロジェクト予算の見積もり

図 11-2 に示すように、プロジェクトの見積もりコストにはアローアンス(allowance)が見込まれる。これは、プロジェクトを円滑に遂行するために「材料などの一定の予備、作業工数に対する予備、未確定部分への対応など」を見積もり、補完する目的で付加する数量（または金額）である。関連する必要な予算として、コンティンジェンシー、エスカレーション(escalation) ※2、およびジェネラルオーバーヘッド(general overhead)※3 がある。

見積もりにおいては、目的や求められる精度、そして利用可能でかつ知り得ている情報や見積もり作業期間などに応じて異なった積算方法が使われる。図 11-3 の生産設備を例に、コスト見積もりの考え方を説明する。

(1) 超概算見積もり(Order of Magnitude Estimate: OME)

構想検討フェーズなど、詳細設計データがない段階で実施される見積もりである。類似の生産設備実績コストからコストを推定することが多い。見積も

※2 コスト積算以降に発生する機材や労務費の価格変動を調整するために、あらかじめ予測して含めておく予備費である。

※3 個々のプロジェクトのコスト項目ではないが、賃貸料・水道光熱費・通信機器費、広告費など企業運営で定常的に必要とされるコストである。

粗い ◀── 情報 ──▶ 詳細
短い ◀── 所要時間 ──▶ 長い

| 技法およびタイプ / 精度 | アナロジーキャパシティスライド法 | 係数積算法 | 積み上げ積算 | 技法の適用目的 |
|---|---|---|---|---|
| 超概算見積もり(OME)<br>精度 20%－30% | | | | FS（企業化調査） |
| 概算見積もり(PCE)<br>精度 10%－20% | | | | プロジェクト予算、設備選定 |
| 詳細見積もり(DCE)<br>精度 5%－10% | | | | プロジェクト実行予算競争見積もり、概算見積もり |
| 見積もり基礎資料 | プロジェクト設備の概要 | 基礎設計データ | 詳細設計データ、設計図書 | |

図 11-3　見積もりの代表的考え方（生産設備の例）

りの目的は、プロジェクトの経済性分析（企業化調査）、代替案の検討等である。見積もり精度は概ね± 20%～30%である。

(2)　概算見積もり(Preliminary Cost Estimate: PCE)

計画フェーズで、基本仕様や設備概要が確認できるようになった段階で実施される見積もりである。見積もり手法としては係数積算法が一般的である。見積もりの主な目的は、発注者予算の承認、設備の選定である。見積もり精度は、概ね± 10%～20%である。

(3)　詳細見積もり(Definitive Cost Estimate: DCE)

実行フェーズで、設備の個別仕様が確定し、基本となる設計図書などが準備された段階で実施される見積もりである。設計情報から量、効率、単価を積み上げて積算するのが一般的である。競争入札用として主に実施され、また受注後はプロジェクト実行予算の基礎となるため、± 5%～10%の見積もり精度が要求される。なお、DCE はプロジェクト遂行中に行うチェックエスティメイトでも適用される。

## コストコントロール

コストコントロールとは、「コストを分解した数量、効率、単価という独立したコントロール要素によって定量的にコストを管理すること」である。コストコントロールはプロジェクトの収支バランスならびにリスクを管理する上で不可欠な作業であり、企業経営にも直結している（図 11-4）。

コストコントロールサイクルの中で、関係者の最大関心事は完成時費用の予測

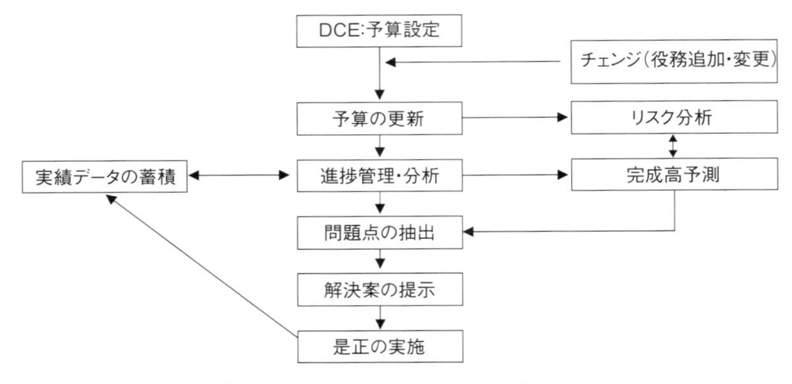


図 11-4　コストコントロールサイクル

表 11-1　コストコントロール技法と特徴

| 技　法 | 特　徴 |
|---|---|
| アーンドバリュー法<br>(earned value) | コストとスケジュールの両方の進捗度を同じチャートに図示し、目標値(計画予算、納期）と比較して、完工時のコスト、スケジュールを予測する方法である。出来高法とも呼ばれる。 |
| 進捗測定<br>(progress measurement) | プロジェクトの進捗度を論理的・定量的に測定し分析するために、作業項目ごとに進捗測定基準（progress measurement basis）を設ける。物理的に作業の進捗が確認できる量を指標として出来高予定（金額）を算出する。プログレスメジャメントはプロジェクト進捗度測定法の意味でも使用される。 |
| サンプリング<br>(sampling) | プロジェクト開始後の設計段階において、作業量を捉えることのできる情報を拾い出して予算数量と比較する。設計者の誤解やミスを発見し、設計の仮定条件を確認して、バルク数量動向の早期予測を行う。 |
| トレンド分析<br>(trend analysis) | 過去のプロジェクト進捗実績（月別累計）をグラフ（カーブ）に表示して、遂行中の実績値を対比させると、その差が定量的に把握できる。現時点の差、ならびに傾向が将来も続くと仮定して完成予定を予測する。 |
| チェックエスティメイト<br>(check estimate) | 最新のプロジェクトの情報をもとに残るコストの構成要素（特に数量）を全て一斉に更新し、積み上げ方式で完成高を予測する。 |

であり、現状分析による完成高予測から、抽出された予算超過（オーバーラン）の傾向に対して原因を調査し、予算超過を最小限に、また予算余剰（アンダーラン）の是正（予防）措置案を提示し、実施された対策の効果をモニターすることがコスト管理担当者の重要な仕事である。

コストコントロールに採用される代表的な技法（**表 11-1**）として、アーンドバリュー法(earned value)、進捗測定(progress measurement)、サンプリング(sampling)、トレンド分析(trend analysis)、チェックエスティメイト(check estimate)がある。

## 11.4　アーンドバリューマネジメントによる解析事例

アーンドバリューマネジメント(Earned Value Management : EVM)の目的は、プロジェクトの進行状況を監視して、プロジェクト全体の進捗状況を把握することである。これは、米国の大規模政府調達にも見られるように、発注側が効率的なプロジェクト運営を目指すために、プロジェクトの進行状況を把握することを目的として開発されたものである。

民間プロジェクトの場合は、厳しい予算とスケジュールの中で、自社内のプロジェクトや受注プロジェクトの進行を把握･コントロールすることが目的となる。単なる進捗を測定するだけではなく、このまま進めるとプロジェクトの終わりで予算やスケジュールがどうなるかを予測し、早期に対応策を実施することにEVMの意味がある。

管理のためのベースライン(Planned Value: PV）と、これに対する現状の作業出来高(EV)と実際の発生コスト(AC)の3つから、プロジェクト状況とPerformanceが割り出され、プロジェクトの最終推定コスト(Estimate at Completion: EAC)の予想が可能となる。これらの関係を以下に示す。また、図11-5にプロジェクトマネジメントの進捗把握、将来予測の基本的な考え方を示している。

既に述べたように、EV（Earned Value)は、定められた方法で進捗を求めた結果である。EVは共通の認識となること、および出来高(EV)と実績額(AC)によってEACが求められることに意義がある。EACは算出される目安となるが、プロジェクトの方向性を示しており、問題点の先取りになり、早期対策の検討と実施のための道具となる。プロジェクトの進捗測定では通常作業出来高(EV)が使われる(11.6参照)。

PV（Planned Value)：期間予算（計画配分予算：予定作業の予算割当）

EV（Earned Value)：作業出来高（完成作業の予算額）

AC（Actual Cost)：実際発生コスト（完成作業の実績額）

BAC（Budget at Completion)：完成時総予算

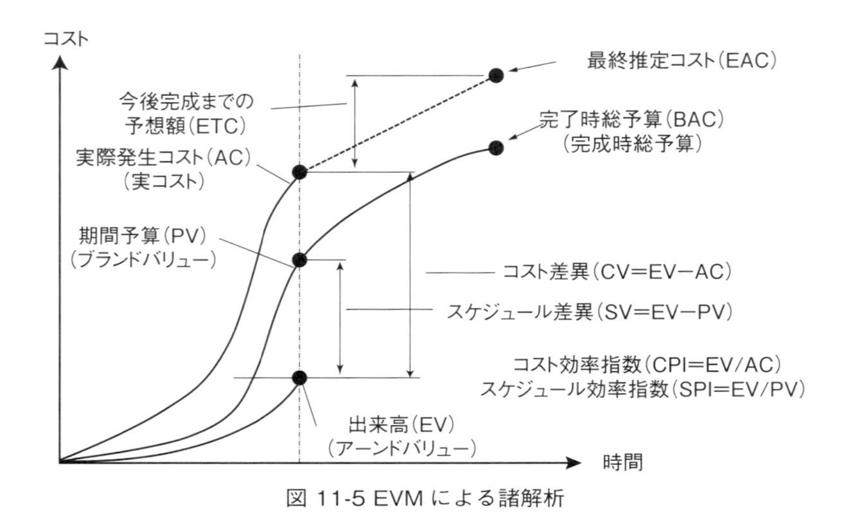

図 11-5 EVM による諸解析

CPI（Cost Performance Index）= EV/AC：コスト効率指標
SPI（Schedule Performance Index）= EV/PV：スケジュール効率指数
CV（Cost Variance）= EV－AC：コスト差異
SV（Schedule Variance） = EV－PV：スケジュール差異
ETC（Case1） = BAC－EV,・・楽観値
（「現時点でのコスト効率は今後は継続しない」とした場合）
ETC（Case2）=（BAC－EV）/ CPI,・・最頻値
（「現時点でのコスト効率は今後も継続する」とした場合）
ETC（Case3）=（BAC－EV）/（CPI x SPI）・・悲観値
（「現時点でのコスト効率とスケジュール効率で今後も継続する」とした場合）
以上から、完成時の推定額を次のように求めることができる。
EAC＝AC ＋ ETC＝AC ＋（BAC－EV）/ CPI＝BAC/CPI（Case2 最頻値ケース）

## 11.5　工期の管理

プロジェクト遂行で、重要なこととして工期の管理がある。目標の成果物は、決められた予算と工期の中で完成させなければならない。期限内に終わらせることが重要な命題となる。新しい製品をつくるというプロジェクトでは、完成時期がビジネスチャンスの優位性を確保するという意味でも重要であり、プロジェクト工期の厳守は絶対的な条件となる。製造設備建設をエンジニアリング・建設業が受注する場合には、工期にペナルティが課せられることが多い。たとえば、「契約納期より遅延した場合は、1日当たり契約金額の0.1%（最大10%）の違約金を支払う」といった条項がつく。

タイムマネジメントでは、時間軸上で最も効率的な業務手順を計画し、これにしたがって進捗をコントロールし、計画変更を起こす要因を予見・管理する。タイムマネジメントの実施では、実績情報が計画とどの程度乖離しているか、その変動要因は何かを把握する。また、定義されたスコープを網羅し、他のマネジメントと密接な関係を持ちながら展開する。特に、コストマネジメントとは直接的な相関関係がある。

また、プロジェクトの全工程を通して個々の作業が密につながっているため、1つのアクティビティに遅れが出ると後続のアクティビティに影響が出て、工期を短縮しなければならなくなる。その対策としてさらなる人的資源を投入すると、予定外の資源を使うことになり予算超過の原因となる。計画スケジュールを遅らせないためには、メンバー全員が全体スケジュールを把握し、責任を持って担当分の計画通りに作業を完了し、後工程につなげるという高いモチベーションを持つことが重要である。

### スケジュールの作成

スケジュールの作成に関しても、いくつか注意すべきことがある。スケジュール作成のプロセスを図11-6で説明する。スコープ計画で当該プロジェクトのWBSを構築し、どのような仕事から成り立っているかという視点でスコープを定義する。そしてWBSの最下位レベルでWP（アクティビティ）を定義する。

次に、アクティビティに資源を割りあて、所要時間の見積もり（何人かけて何時までに終わらせるかなど）を行う。WPの要求（いつ始まって、いつ終わるか）が合うまで、スケジュール作成を繰り返す。同時に作業順序を設定し調整し、スケジュールが作成される。この段階でプロジェクト予算も設定される。

### スケジュールの表現方法

作業工程を可視化しておけば、スケジュールの管理が容易になる。ここでは、代表的な手法を3つ紹介する。

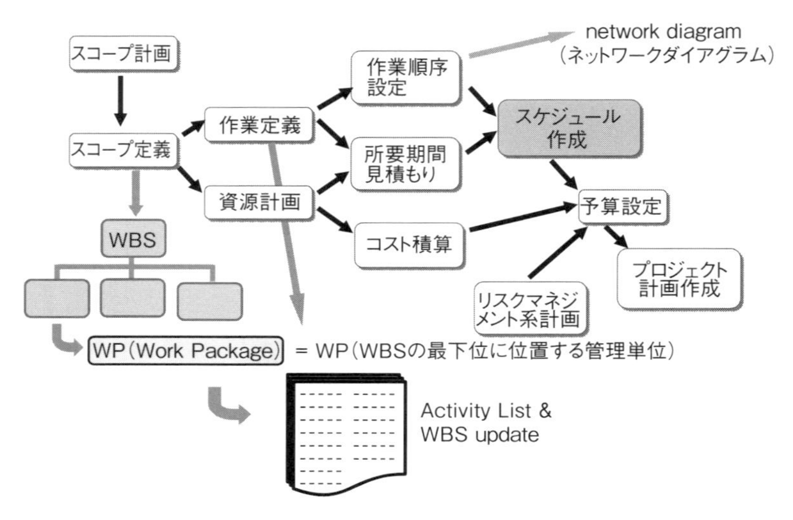


図 11-6 プロジェクトスケジュール作成のプロセス

(1) マイルストーン

プロジェクト開始日、構想フェーズ完了日など、期間を持たない（通常0日）重要な道標（イベント）をマイルストーンという。図 11-7 の「設計完了日」は、マイルストーンとして示されたものである。

(2) ガントチャート（バーチャート）

図 11-7 はガントチャート（バーチャートともいう）と呼ばれるプロジェクトスケジュールである。点線で作業順序が表現されている。

(3) ネットワークダイアグラム

PDM（Precedence Diagramming Method）が代表的であり、アクティビティをノード（箱型）で表し、作業の依存関係（作業順序など）を矢印で示すスケジュール表現の1手法である（図 11-8）。

市販の PM 支援ソフトでは、PDM を用いてスケジュールを計算し、それをガントチャートで表示することが可能である。実績スケジュールを入力することにより予算（計画）と実績の比較が容易にでき、多くのプロジェクトではこの手法を使ってスケジュールの計画や管理を実施している。

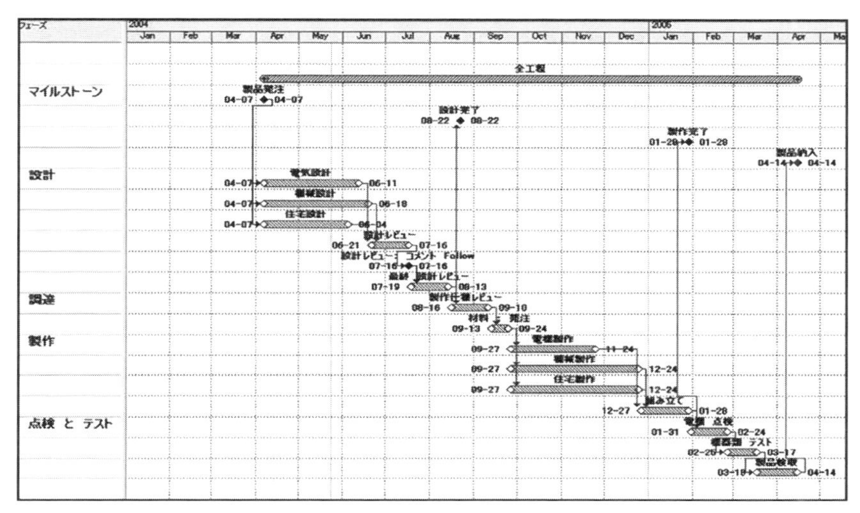


図 11-7 プロジェクトスケジュール事例

PDM（Precedence Diagramming Method）

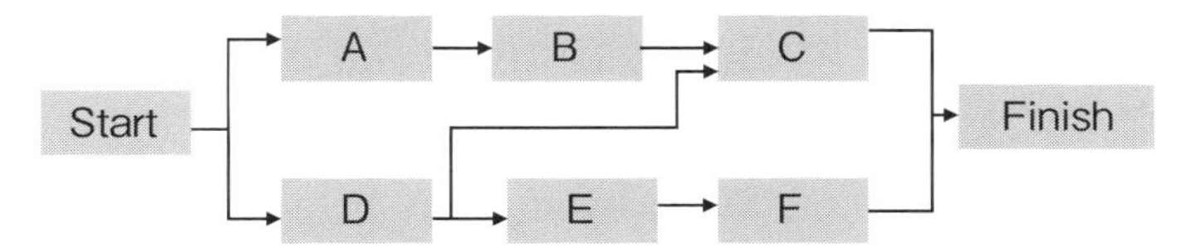


PDM：Activity-on-node（AON）（PDM4 つのアクティビティのつながりのタイプ）
FS（Finish-to-Start）：最も基本的な関係で、作業 A が終わって作業 B が開始できる関係。
SS（Start-to-Start）：後続作業 B の開始条件が先行作業の A の開始である関係。
（トンネルの壁工事は、掘削の開始後に始まる。）
FF（Finish-to-Finish）：後続作業 B の終了条件が先行作業 A の終了である関係。
（トンネル掘削終了後は、できるだけ速やかに壁工事を施工、完了させた方がよい。）
SF（Start-to-Finish）：先行の作業 A が開始し、後続の作業 B が終了できる関係。
（生産を止めずに電気設備をメンテナンスする場合、仮の電気設備を用意し稼働後電気設備を止めることができる関係。）

図 11-8　ネットワークダイアグラム

## タイムマネジメント

タイムマネジメントでは、進捗が論理的に計算できる仕組みをつくり、それを管理する。一般的なタイムマネジメントの手法として、マイルストーン管理、ガ

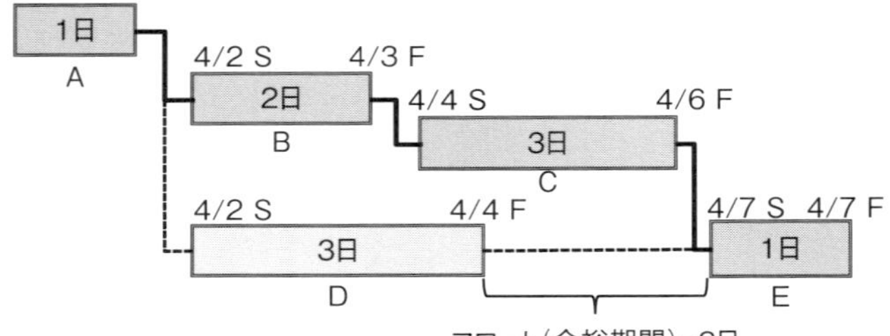


●クリティカルパス：プロジェクトの最も長い経路（パス）。フロートがゼロの作業で構成される。（クリティカルパス、A → B → C → E）
●フロート（余裕期間）：プロジェクトの完了日を遅らせずに、作業の最早開始日を遅らせることができる期間。
凡例：4/1S は4月1日Start（開始）、4/7F は4月7日Finish（完了）を意味する。

図 11-9　クリティカルパス

ントチャート表示、クリティカルパス・メソッド(Critical Path Method :CPM)がある。

マイルストーンは、計画日と実績日を表すテーブルを作成し、予定（計画）と実績の管理を行うために活用する。プロジェクト実施に対する対価の支払いを行うために設定することも多い。マイルストーンは重要な道標であり、これが守れないことは大きな問題があると捉えなければならない。

ガントチャートは、計画ガントチャートと実績ガントチャートを表示し、計画スケジュールに実績バーを記入するなどして活用する。予定（計画）と実績の差が明確になり、問題点の発見、対応策の策定と実施、スケジュールマネジメントが容易になる。

CPM はスケジュール管理手法である。プロジェクトの各アクティビティに前後関係をつけていくと、開始から終了までの作業経路（パス）を概観できる。このパスの中でアクティビティの所要時間が最長なものが必ず１つ以上存在する。このパスのことをクリティカルパスと呼ぶ。このパス上のアクティビティが一つでも所要時間より遅れるとプロジェクトの終了時期が遅れることになる。このパスをあらかじめ把握しておくことで、スケジュール遅延を防ぐことができる（図 11-9）。

## 11.6　進捗の管理

スケジュールの遅れは、コストや品質にも多大な影響を及ぼす。その意味でも進捗の管理はプロジェクトマネジメントの重要な位置づけにあるといえる。ここでは、出来高管理(Earned Value Management: EVM)に注目して進捗管理の概念を展開する。

出来高とは、初めに計画する作業量(Man Hour : 1人1時間など）の測定方法で進捗の計算を行うものである。たとえば、1ヶ月を経過した時点で進捗率は何%であるかを求める。あらかじめ計画した手法で計算することによって、その進捗率は誰が計算しても同じ結果となり、公平にプロジェクトの進捗を示すことが可能となる。

| 事例 11-1 | 家の建設を、設計図書、基礎工事、躯体工事、外構工事に分けて、全体の進捗を月ごとに計算する事例を考える。数値の単位はコストである。全体の工事は8ヶ月かかり、累計欄（表 11-2)にあるように計画では1月が2%の進捗、完成した8月末には100%である。 |
|---|---|

いろいろな出来高測定法があるが、この事例（表 11-2）では、マイルストーン法、固定法、パーセント法を採用する。マイルストーン法では、ここまでできたら20%を計上するなどの取り決めをしておく。

この事例では、3月までは計画通りであったが、4月末の時点では、躯体工事が25%に満たず、計画値の1,000を出来高として計上することができない。ただし、実績コストは900計上されているので、全体の進捗%は、4月末では計画28%に対して出来高22%となり、6%の遅れが発生していることになる。

なお、実績欄は実際にかかったコストである。基礎工事は、4月末までに予定通りの進捗で完成したが、コストは超過しこの時点では赤字になっている。この事例で、計画、出来高、実績をグラフにしてみると、図 11-10のようになる。計画基準線は、管理のための基準線で通常「ベースライン」と呼ぶ。

出来高管理は進捗を測定するが、実際にかかった費用と合わせて検討すると効率測定が可能となり、将来予測につながる(11.4節参照)。アクティビティの出来高計算の作業を簡素化するための簡易出来高勘定法をいくつか紹介する。

(1) マイルストーン法

たとえば、設計要件書承認で20%、設計図の承認で50%など、マイルストーンごとに進捗率の重みづけをする方法である。

表11-2　家の建築の進捗測定の例

| | Control Account（管理対象） | 測定法 | | 1月 | 2月 | 3月 | 4月 | 5月 | 6月 | 7月 | 8月 | 計 |
|---|---|---|---|---|---|---|---|---|---|---|---|---|
| 1 | 設計図書 | マイルストーン法 | 計画 | 400 | 1,000 | 600 | | | | | | 2,000 |
| | | | 測定法 | 20% | 50% | 30% | | | | | | 100% |
| | | | 出来高 | 400 | 1,000 | 600 | | | | | | 2,000 |
| | | | 実績 | 400 | 1,000 | 600 | | | | | | 2,000 |
| 2 | 基礎工事 | 固定法 | 計画 | | | 1,000 | 1,000 | | | | | 2,000 |
| | | | 測定法 | | | 50% | 50% | | | | | 100% |
| | | | 出来高 | | | 1,000 | 1,000 | | | | | 2,000 |
| | | | 実績 | | | 1,500 | 1,200 | | | | | 2,700 |
| 3 | 躯体工事 | パーセント法 | 計画 | | | | 1,000 | 1,000 | 1,000 | 1,000 | | 4,000 |
| | | | 測定法 | | | | 25% | 25% | 25% | 25% | | 100% |
| | | | 出来高 | | | | 0 | | | | | 0 |
| | | | 実績 | | | | 900 | | | | | 900 |
| 4 | 外構工事 | マイルストーン法 | 計画 | | | | | 2,000 | 2,000 | 4,000 | 2,000 | 10,000 |
| | | | 測定法 | | | | | 20% | 20% | 40% | 20% | 100% |
| | | | 出来高 | | | | | | | | | 0 |
| | | | 実績 | | | | | | | | | 0 |
| 5 | Total（累計） | | 計画 | 400 | 1,400 | 3,000 | 5,000 | 8,000 | 11,000 | 16,000 | 18,000 | 18,000 |
| | | | 計画(%) | 2% | 8% | 17% | 28% | 44% | 61% | 89% | 100% | |
| | | | 出来高 | 400 | 1,400 | 3,000 | 4,000 | | | | | |
| | | | 出来高(%) | 2% | 8% | 17% | 22% | | | | | |
| | | | 実績 | 400 | 1,400 | 3,500 | 5,600 | | | | | |

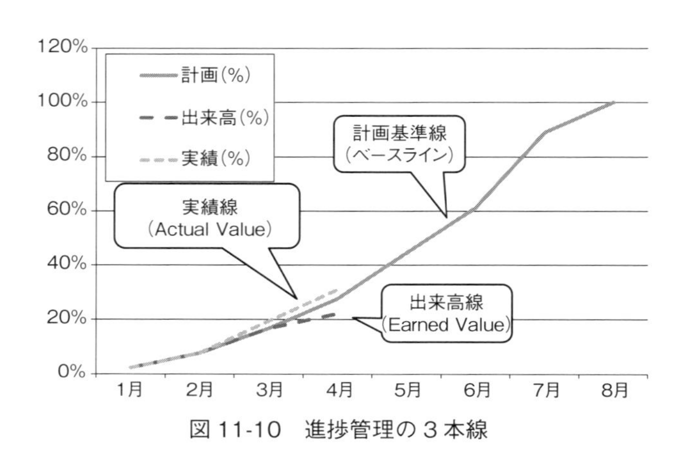


図11-10　進捗管理の3本線

(2)　固定法

作業の開始、完了に進捗率を設定する方法である。

・0 － 100％法：作業の完成時点で作業量の全量を計上する。途中は計上しない。

・100 － 0％法：作業の開始時に作業量の全量を計上する。

・50 － 50％法：作業の開始時と完了時に各々作業量の半分を計上する。

この3つの方法は比較的作業期間が短いアクティビティに使用される。

(3)　パーセント法

作業の進捗実績を、実績入力担当者の判断で入力する（％）。

以上のほかに、組合せ法、レベルエフォート、均等割り法等がある。これらは、測定ルールを決めることであり、管理可能な方法を選択できる。このような出来高測定法を用いて、計画値の進捗を解析していくことになる。

## ●　11章の演習課題　●

11-1　あなたは250室のホテルを1年以内に福岡で建設しようと計画している。新しいホテルの延床面積は、18,000㎡である。以下の情報を活用し、計画中のホテルの超概算見積もりを行いなさい。

・類似のホテルが大阪に完成した。180室で延床面積13,500㎡、総工費は44億円であった。

・建設コストの都市間格差指数は、福岡:95.2、大阪:97.9である。

・スケールファクターは0.7である。

・来年までのインフレーションは、2％と見込まれる。

11-2　プロジェクトのパフォーマンス

プロジェクト開始後5ヶ月経過した時点で、PV＝500万円、AC＝600万円、EV＝550万円であった。この時点でベースラインとの差異の原因を追求し、是正策を実施した。7ヶ月経過した時点では、SPI＝0.97、CPI＝0.97であった。このプロジェクトのパフォーマンスの説明として適切なものは次のうちどれか？

A.　スケジュールは改善したが、コストは悪化した。

B.　スケジュールは悪化したが、コストは改善した。

C.　スケジュール、コスト共に改善した。

D.　スケジュール、コスト共に悪化した。

# 12章

# リスクの分析と評価

私たちは、これまでの生活の中にてさまざまな問題に直面し、解決し、今に至っている。言い換えると、リスクの対処方法について体系的に学ばなくても、殆どの人は、経験や倫理感に裏づけられたリスク対処スキルを有していると思っている。

しかし、プロジェクトは、経験と勘では対処できない複雑さと不確実さを持っているため、リスクを分析し、評価するスキルを体系的に学ぶ必要がある。

## 12.1　リスクとは

リスクとは、これから遂行しようとするプロジェクトの目的に対して影響を与える不確実なことであり、それによって引き起こされる結果（すなわち影響度）である。不確実なことには、不確実であることがわかっている場合と、不確実であることすらわかっていない場合がある。不確実であるもののうちプロジェクトの目標達成に対して好ましいものをオポチュニテイ（好機）といい、好ましくないものをリスク（脅威）という。

リスクには、プロジェクトに関係するビジネス上のリスクと、地震や台風などのように天災によって引き起こされるリスクがある。ここでは、天災などによるリスクへの対処ではなく、プロジェクトの将来において影響を与えるリスクを未然に防ぐことに注目し、その対処方法について考える。

リスクには、プロジェクトチームがコントロールし影響を及ぼすことのできるリスクと、プロジェクトチームが影響を及ぼすことのできない範疇のリスクがある。前者は内的リスクといい、メンバーの確保やコストの見積もりなどがこれに該当する。これに対して後者は外的リスクといい、市場動向や政府の政策変更などが該当する。

プロジェクトの目標達成のためには、個々のプロジェクトの計画段階で、リス

表 12-1　リスクの分類例

内的リスク（internal risk）：プロジェクトチームが統制し影響を及ぼすことのできる範疇のリスク（要員の確保、コスト見積もりのリスクなど）
外的リスク（external risk）：プロジェクトチームが統制し影響を及ぼすことのできない範疇のリスク（市場動向、政府の政策のリスクなど）

静態リスク（static risk）：変動しない社会や経済においても発生するリスク（火災、自然災害、事故、盗難など）
動態リスク（dynamic risk）：社会や経済が変化、発展するときに発生するリスク（生産技術の革新や流行、消費者の嗜好に関するリスク、政治経済状況の変化によるリスクなど）

純粋リスク（pure risk）：損害が唯一の帰結となりそうなリスク（自然災害リスクなど）
投機的リスク（speculative risk）：最終的な帰結が損失か利得か両方の可能性があり不明確なリスク（経済活動に伴うリスクなど）

クが起きることを未然に防ぐ方法を考えておくことが重要である。そのためには、リスクを特定し、プロジェクトに与える影響を定性的／定量的に分析し、対応策を立案してプロジェクト計画に反映させておかなければならない。計画段階で全てのリスクを特定することは不可能であり、プロジェクトのリスクマネジメントは、プロジェクトの期間を通して繰り返し行う必要がある。

プロジェクトのスケジュール、コスト、品質、人的資源、コミュニケーション、調達、さらにはプロジェクトなどのスコープも潜在的にリスクに直面し、将来において影響を受ける。リスク事象が発生すると、最終的にはプロジェクトの進捗の遅れをもたらし、その遅れがコストに換算されて評価される。これが、「プロジェクトマネジメントはリスクマネジメントである」といわれている所以である。リスクの分類例を表 12-1 に示す。

リスクマネジメントには、事前にわかっているリスクに対応する方法と、リスク事象が発生した際にその影響を少なく抑える方法を常に考える必要がある。

### リスクの特性

リスクには、多様性、相互作用性、時間依存性、および流動性に分類される特性がある。

(1)　多様性

リスクは事象のあらわれ方、影響の大きさとその対象がさまざまである。ステークホルダーによりリスクの影響度は異なる。

(2)　相互作用性

あるリスク事象が他のリスクに影響を与える。たとえば、あるリスク対策が、他のリスク事象の発生確率や影響の大きさを増大させる副作用がある。

(3)　時間依存性

プロジェクトの開始段階におけるリスク事象は、プロジェクトの進行に従って減少していくが、リスク事象の影響度（リスクが発生したときの損害額など）は、プロジェクトの終了（完工、引き渡し）に近づくに従って大きくなる。

(4)　流動性

リスクは時間の経過につれて常に変化する。新たなリスクが生まれて、これまでのリスクが解消されることがあるので、継続的にリスク特定、分析、対応策立案のサイクルを回すことが重要である。

リスクの対応策を検討するにあたり、**表12-2**の3つの要素が関係する。リスクが発生したことでプロジェクトが影響を受ける。これをリスク事象という。このリスク事象が発生する確率とその事象により実際に起きる損害額あるいはコストを影響の大きさとする。

表12-2　リスクの要素

| | 構成要素 | 説　明 |
|---|---|---|
| 1 | リスク事象 | プロジェクトに好ましくない結果をもたらす事象 |
| 2 | リスク事象の<br>発生確率 | リスク事象が起こる可能性 |
| 3 | 重大性<br>影響度 | リスク事象の発生によってプロジェクトの目標に与える影響で、<br>結果として生じる損失<br>あるいは利益の程度 |

### プログラムにおけるリスク

複数のプロジェクトから成るプログラムにもリスクはある。プログラムに関わるリスクの本質は、プロジェクトのリスクと同様のものである。プロジェクトでは管理すべき要素が特定されているが、プログラムではミッション全体が対象となる。プロジェクトでは特定化された枠組みの中でリスクが評価されるが、プログラムではミッション全体が対象となって、その中でリスクの要素が評価される。

したがってプログラムでは、あるリスクがプログラム全体にもたらす影響や、リスク相互の関連性が評価され、全体ミッションの目的と照らし合わせて対応策が講じられる。このため、ミッションの方向性を誤らせるリスクや、個々のプロジェクトが全体に及ぼす影響などが評価されることになり、場合によってはリスクへの評価方法や対応の仕方が異なることもある。よって、プログラム全体を大局的に見ること、柔軟にかつ動的に見ることが重要とされる。

## 12.2　リスクマネジメントのプロセス

プロジェクト遂行に際してどのような戦略・手法でリスクマネジメントを実施するかという基本方針を策定する。

リスクマネジメントのプロセスは、「方針策定」、「リスクの特定」、「リスクの分析評価」、「リスク対応策の策定」、「対応策実施と監視・評価」、「教訓の整理・DB化」から構成される（図12-1）。

### リスクの特定

リスクを特定する際は、リスクの概念・基礎知識を理解した上で、プロジェクトの方針・計画、契約に含まれる要件を基礎情報として検討する。リスク特定のためのツール・技法として、チェックリスト法、6W1H法、ブレーンストーミング法、ツリー法、識者へのインタビュー、レビュー、デルファイ法などがある。

組織やプロジェクトの強みと弱みを明確にすることでリスクを特定するSWOT※1分析もある。この方法では、「強みは何か」「その強みをいかにして最大限利用するか」「弱みは何か」「いかにして弱点による悪影響を最小限にするか」

---

※1　SWOTは、Strengths（強み）、Weakness（弱み）、Opportunities（好機）、Threats（脅威）の頭文字を取った名称である。

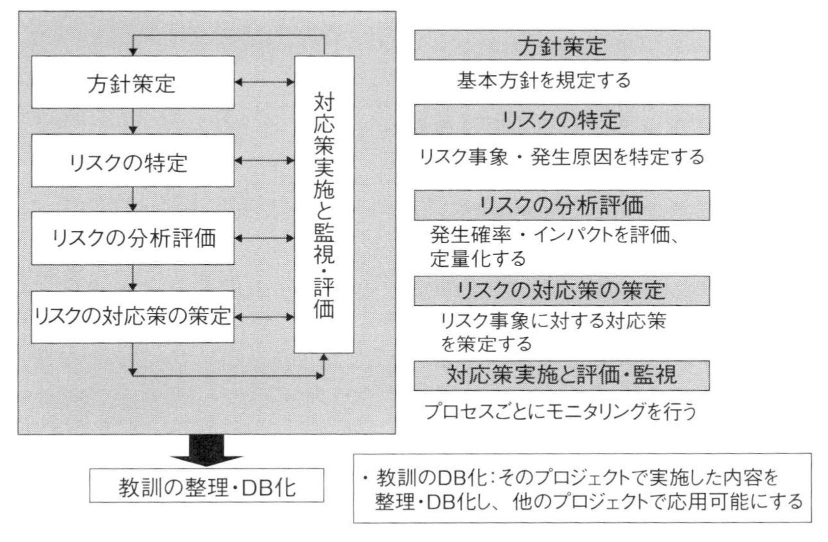


図 12-1　リスクマネジメントのプロセス

「好機には何があるか」「いかにして好機を最大限利用するか」「脅威には何があるか」「いかにして脅威を回避するか」について分析して特定する。

### リスク特定の事例

それでは、図 12-1 のリスクマネジメントプロセスにしたがって重大リスクを特定することにしよう。経験が少ない開発者がどのようなリスクがあるか白紙の状態から考えるのは困難であるので、ここでは類似プロジェクトを参考にしながら実施方法を概説することにする。

リスクの特定には、類似プロジェクトのチェックリストを参考にする方法（コンテント・アプローチ）と、時々刻々変化するリスクに適切な対応策を立案して実行する方法（プロセス・アプローチ）がある。

プロジェクトマネジメントの各工程には、プロジェクトの外部に起因するリスク要因（外的リスク）があり､内部の技術面の要因と管理面の要因（内的リスク）がある。これらを表 12-3 に整理しておく。

表 12-3 を参考にし、WBS の枠組みで総合的に WP のリスクを洗い出し、技術面、スケジュール面、コスト面、リーガル（法制度）面に分類し特定する。同時に、リスクの特定に必要な、コスト見積もり、期間見積もり、スコープベース

表 12-3　コンテント・アプローチのためのリスク要因チェックリスト

| 工程 | 外部要因 | 内部要因 | |
|---|---|---|---|
| | | 技術的要因 | 管理的要因 |
| 企画 | 契約面の不備<br>不明確な作業範囲<br>不明確な役割分担 | 新規技術習得不足<br>実現可能性検討不足<br>業務ノウハウ不足 | 必要情報の取得不備<br>要員・キーマンの確保困難<br>見積もり誤り |
| 計画 | 顧客要求が曖昧<br>顧客の予算不足<br>政治的介入 | 顧客要求の理解不足<br>技術的検討不足<br>システム規模と複雑さ | 所用要員規模不明確<br>リスク分析不備<br>プロジェクト計画不備<br>契約条件の甘さ |
| 実行 | 顧客要求の変更<br>顧客の過剰な介入<br>顧客のリーダーシップ欠如<br>技術革新への対応不可<br>機器納入遅延・仕様違い<br>経済状況による価格の高騰 | 要求定義不備<br>システム設計不備<br>技術レビュー不足<br>設計工程の欠如<br>不測の技術問題発生<br>仕様変更の手戻り | PM スキル経験不足<br>進捗・コスト・品質管理不備<br>顧客とのコミュニケーション不足<br>要員不足・体制不備<br>開発環境不備<br>外注管理未熟 |
| 終結 | 顧客都合による遅延<br>顧客の協力不足<br>外的障害の発生 | プログラム品質低下<br>生産性低下<br>運用・使い勝手の悪さ<br>顧客マニュアル不備 | 検収条件が曖昧<br>移行準備不足<br>顧客訓練不足 |
| 全体 | 不可抗力<br>顧客体制の変化・脆弱 | 流通（市販）ソフトウェア／ハードウェアの納期遅れ | 社内が非協力 |

ライン、ステークホルダーの情報、品質管理計画、組織に関する情報などのリストを作成する。

情報の収集方法では、ブレーンストーミングを実施する方法、または、プロジェクトマネジメント経験者、技術や業務の専門家およびステークホルダーから話を聴くとよい。何人かの専門家にリスクを挙げてもらい、その結果を専門家にフィードバックし、再度リスクを挙げることを繰り返すのもよい。

リスクを収束する方法としてデルファイ法があるが、ここでは、手軽なインタビュー法を使うことにする。この作業では、チームメンバーの得意分野を考慮し分担して行う。情報収集の作業では先を急がず、リスクを特定し尽くすまで継続し、その間はリスク分析を行わない。

### リスクの分析評価

プロジェクトの遂行業務に対しどのようなリスク要因やリスク事象が影響を及ぼすかなどを特定した後に、リスクの特性を分析・評価する。

不確実性が大きいプロジェクトほど、信頼できるリスク評価が必要になる。リスクの分析では、リスクと不確実性についての判断を数理的にまたは論理的に行う。基本的な評価方法として定量化がある。

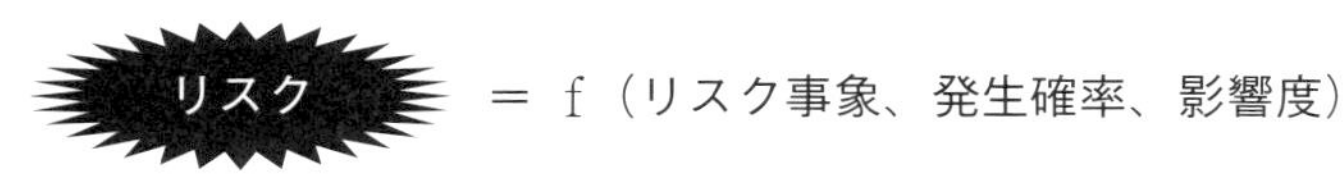


図12-2　リスクの定量化

リストアップされたリスクの発生確率、そのリスク事象の影響（インパクト）、および図12-2の関係を使ってリスクを定量化する。

定量化されたリスク事象は図12-3のリスク事象発生確率と影響度を参考に、ハイリスクかローリスクかを判断する。ただし、リスクは個人や組織により受け取り方（許容の範囲）が異なることに留意して、分析する必要がある。

次に、分析されたイベントの発生確率とインパクトの大きさに基づき、リスクを最大から最小までランクづけする。可能な限り定量的にランクづけをするが、それができない場合は定性的にランクづけをする。その後、リスクにプロジェクトとしての優先順位をつけ、リスク登録簿を作成し管理する。

優先順位をつける意思決定方法の一つに、図12-4に示すディシジョン・ツリー分析がある。図12-4に示されているように、リスクの金額評価により、内製と外注のどちらが得か、市場好転又は悪化の発生確率と結果額から期待利益を計算し判断することができる。

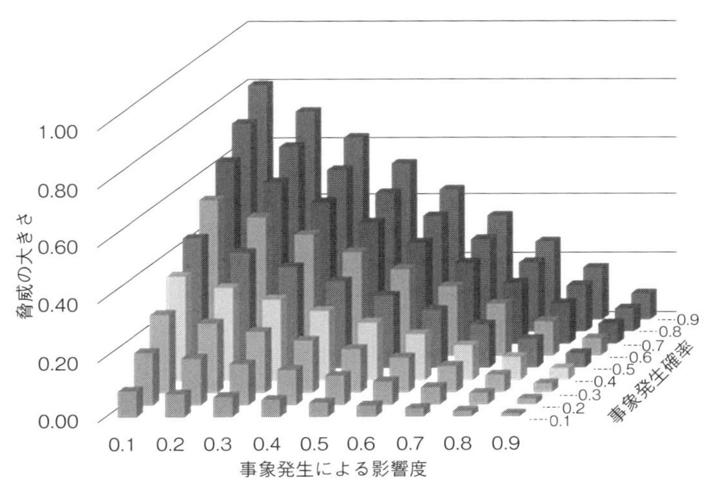


図12-3　リスク発生確率と影響度

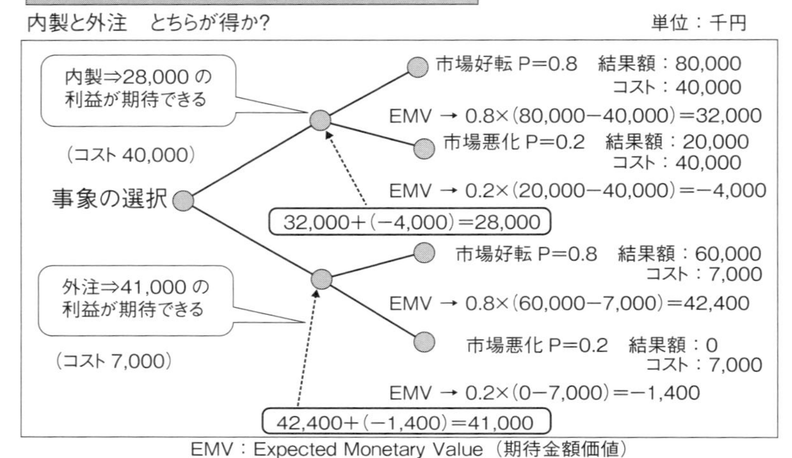


図12-4　ディシジョン・ツリー分析

## 12.3 リスクへの対応

プロジェクトのリスクマネジメントとは、プロジェクトに関わるさまざまなリスクを認識し分析・評価することによって、これを管理する戦略を立てリスクを回避したり、その影響度を軽減したりするマネジメント活動のことである。その目的は、不確実な状況の中で、コントロールできる領域を最大化し、コントロールできない領域を最小化して好結果をもたらす決定を下すことである。

このリスク対応策プロセスでは、好機を増やし、脅威を減少させる対応策を作成し、実行計画を決定する。実行計画では、リスクへの対応策を準備する。好機を最大限に見込み、脅威を最小限にとどめるための方策として、リスクの回避、転嫁、軽減、分散、受容などがある。

リスクへの対応は、たとえば次のように実施する。まず、優先順位づけの高い順に対応措置を立案する。その際に、プロジェクトメンバーはそれぞれの経験や専門の立場で多様な対策を考える。次に、多様な案を比較検討し、その案の「欠点」を考慮した後、最適な案を選択する。その代替案をリスクマネジメント計画に組み込む。計画を実行するにあたり支援を得るために上司に働きかけ、要員の確保を担保した実行可能なものにする。プロジェクトが進行し、リスク事象が起きる前に先手を打つリスクマネジメントを行うために、トップ10リスクのトリガーポイント（リスクの誘因、きっかけ、兆候、警告信号）を設定する。

### リスク対応策

リスク対応策の回避、転嫁、軽減、分散、および受容の5つを以下に説明する。

(1)　回避

回避とは、リスクまたはその状況を取り除き、それらの影響からプロジェクト目標を守るためにプロジェクトプランを変更することである。たとえばスコープを変更して、脅威となる部分を外してしまうこと、活動自体を行わないことなどがある。

(2)　転嫁

リスク自体は取り除かないが、その管理を他者へ転嫁する。この方法は必ず対価を必要とする。この方法の具体的なものとして、保険、保証、契約などの条項がある。

(3)　軽減

特定の処置を講じてリスクの発生確率および影響度をリスク許容限界以下に減少させることである。素早い対応は、後手に回るよりも効果的である。軽減に必要なコストは、リスク事象発生確率と影響度によって見積もる。そのために、顧客に働きかけ、スケジュールに余裕を持たせるなどの交渉を行う。留意事項として、より単純なプロセスを採用すること、エンジニアリング試験を追加すること、より信頼できる業者を選定することなどがある。リソースや時間をプロジェクトのスケジュールに追加し、リスク発生時の悪影響を少なくするための重複機能もあらかじめ組み込む。

(4)　分散

リスクの担い手を増やし、リスクが現実化した場合の帰結や影響度の負担を分散することをいう。例えば、企業間で協業する（コンソーシアムやジョイントベンチャーの形成）ことなどがある。

(5)　受容

特定されたリスクに対してプロジェクトプランへの変更を行わない場合、またはそれ以外に適当なリスク対応策がないと判断した場合には、結果をプロジェクトが受けとめる。受容には、次の２つの考え方がある。

・積極的な受容
　リスク発生後の対応策を作成しておく。そのために予備費（コンティンジェンシー）を確保しておく。
・消極的な受容
　ノーアクションで、自腹を切り、利益を減らす。受容を実行するにあたり、特定したリスクが発生した場合に取るべき措置をあらかじめ計画する必要がある。リスクトリガーを観察し、実施のタイミングを外さないことが重要である。

リスクマネジメントの効果を上げるために、プロジェクトマネジャーは現状を的確に把握し、リスクイベントを追跡し、軽減措置を講じ、フォローアップする。さらに、軽減措置の実施状況をチームメンバーおよび他の関係者に周知する。

リスクマネジメントでは、上に述べてきたリスクの特定から対応策実施までを繰り返し評価し監視する。これらの活動は、リスクはあるとの前提に立って、できる限り合理的に特定（予知）、分析、評価して対応を準備することが重要である。

リスクには、好機に転じる可能性も存在する。また、リスクの特定から分析・評価、対応策の策定まではプロジェクトチーム員全員で行い、対応策の実施は責任者を定めて行うことが肝要である。

### ● 12章の演習課題 ●

12-1　事例 10-1 の研究成果発表会を実施する際に発生すると考えられるリスクは何か。また、そのリスクに関してどのような対応策が考えられるか。

# 13章

# プロジェクトの多面性と関係分析

プロジェクトには、経済的・社会的・環境的な背景があり、顧客を含む幅広いステークホルダーが関わっている。ステークホルダーの満足度はそれぞれ異なるため、ステークホルダー間の関係を良好な状態に維持しながらプロジェクトを成功に導くことが重要である。そこで、プロジェクトごとに関係性を分析し、それに基づいて設計、構築・維持または再構築をする業務プロセスを検討する関係性マネジメントに注目する。

## 13.1　プロジェクトの多面性

プロジェクトには、経済的な側面があり、社会的な側面もある。プロジェクトを遂行するメンバーも顧客もさまざまな環境の中でそれぞれの思いを持って活動している。グローバル化が進み、ステークホルダーの範囲が広がると、プロジェクトは多様化し複雑化して、その規模も拡大する。

プロジェクトの目的は、顧客やエンドユーザが必要とするプロダクト（またはサービス)を､ステークホルダーが満足するレベルで提供することにある。ステークホルダーの満足度はそれぞれ異なるため、幅広いステークホルダーが関わると満足度は多様化する。

プロジェクトを成功に導くためには、プロジェクトの満足度を誰の視点で観るのかを明確にすることが重要な要件となる。そのためには、ステークホルダーのさまざまな視点でプロジェクトを概観しておくことが必要になる。このような背景から、プロジェクトごとに関係性を分析し、それに基づいてプロジェクトの設計、構築・維持（あるいは再構築）を検討しようという概念が生まれた。

### 関係性マネジメントの概要

関係性マネジントは、顧客満足、ステークホルダーの満足、プロジェクト完遂、企業活動の維持、発展を目的として、各関係者の役割、責任を契約書や提案書で明文化し、プロジェクト遂行中の問題解決をする、次期案件、新規案件への展開をすることである。ここで社会的責任を達成することが基本となる。

そのためには、関係性の設計、関係性の構築・維持、関係性の再構築のプロセスが必要となる。関係性の設計では、ステークホルダーの把握、顧客の関係性、その他のステークホルダーとの関係、プログラムにおける関係性をつかんでいく。関係性の構築・維持は、提案、契約、関係性調整業務を行うことである。そして環境変化に応じて、関係性の再構築を行う。実践指針としてまとめると、

・経済、社会、環境という側面に配慮してステークホルダーを把握すること
・事前契約で合意すること
・顧客を含むステークホルダーの満足の視点を常に意識すること
・対応は敏速に行い、経過・結果を確認し、記録文書を保存すること
・環境変化に応じて、関係性の再構築を行うこと

である。

### ステークホルダーとプロジェクトの関係

プロジェクトの多面性の主な要因であるステークホルダーとプロジェクトの関係は、それぞれのステークホルダーが描くプロジェクトのゴールに依存すると考えられる。

たとえば、公共事業としての情報システム開発プロジェクトを想定してみよう。発注者である政府（あるいは行政）は、開発する情報システムに対して継続的に公共サービスを提供することで、国民が安心・安全で快適に生活を営める環境を維持し続けることをゴールとしている。発注者である政府や行政にとって情報システムを開発することは、ゴール達成のための手段である。

他方、情報システム開発を受注する会社のゴールは、発注者から提示された機能を定められた予算と期間の制限の下で開発し、納めることである。発注者を取り巻く環境が変化すると、発注した情報システムに求めるものが変わる可能性がある。

要求仕様の変更は、プロジェクト、とりわけシステム開発を受注した会社にとりプロジェクトの進捗とコストに影響を与える重大な問題である。情報システム開発を手段として捉える発注者のゴールと情報システム開発をゴールと捉えるシステム開発会社では、開発する情報システムとそのプロジェクトに対する考え方

が異なり、このような問題が発生することがある。

このように問題には、契約、共有目的の追求とすり合わせ、社会的責任、倫理観などを拠りどころに調整することが必須である。それによりステークホルダー間では良好な関係を得ることができ、プロジェクト期間のみならず永続的に維持することが可能となる。

### プロジェクトメンバーの意識の変化

プロジェクトチームメンバーの意識は、プロジェクトの成長期、動乱期、安定期、遂行期によって変わる。したがって、プロジェクトマネジャーもこの変化を認識しチームメンバーとの対応する必要がある。

プロジェクトが成長期にあるときは、チームメンバーはプロジェクトの業務について未経験であり、したがって自発性は低い。プロジェクトマネジャーは命令的な対応方法をとるのがよい。動乱期では、チームメンバーの経験はまだ浅いが、高い自発性を持ってプロジェクトに帰属している。このため、プロジェクトマネジャーは、説得的な対応をすることが望ましい。安定期では、チームメンバーは経験を積んできたものの自信を持つまでには至っていない。 この時期には、プロジェクトマネジャーは一緒に考えるという参加型で対応するのが好ましい。遂行期では、チームメンバーは経験を積み、高い自発性を持ち、能力を発揮し、自己啓発し、さらに自己を成長させたいと考えるようになる。そこで、プロジェクトマネジャーには、チームメンバーを信頼して業務を任せるというマネジメントが求められる。

これらチームメンバー成長の過程は、マズロー(Abraham H. Maslow)の動機づけ法則※1 に類似している。

## 13.2　関係性の設計

プロジェクトの設計によっては、関係する領域を把握し、関係者の分析をして、

※1　要求の5段階説ともいう。第1階層は「生理的欲求」基本的·本能的な欲求、第2階層は「安全欲求」安全·安心な暮らしがしたいという欲求、第3階層は「社会的欲求（帰属欲求)」集団に属し、仲間が欲しくなる要求、第4階層は「尊厳欲求（承認欲求)」他者から認められたい、尊敬されたいとの欲求に変わり、最後の第5階層は「自己実現欲求」自分の能力を引き出し創造的活動がしたいなどの欲求に変わっていく。

どのように関わるかを定めることがある。

プロジェクトの遂行で摩擦が生じた場合に、プロジェクトマネジャーは契約や目的を追求し、社会的責任や倫理観などにも配慮して解決を図ると共に、良好な関係を構築・維持しなければならない。この関係は一過性のものであるが、それぞれの企業体としての活動は、継続性を持っているからである。

関係性のあり方によっては、プロジェクト固有の条件のほかに、主体となるプロジェクトオーナやプロジェクト遂行者の事業環境、コンピテンシー、経営資源などに多大な影響をもたらすことになる。

### プロジェクトマネジャーから見たステークホルダーの関係

関係性の設計で中心になるのは、顧客との関係性構築である。たとえば、エンドユーザとの関係や、発注者と受注者の関係などがある。これには十分な配慮が必要であるが、このほかにも、プログラムにおける関係性の構築・維持や再構築についての関係性も把握する必要がある。その場合、考え方そのものは同じであるが、プログラム全体に関与する者、複数のプロジェクトに関与する者などがいるため、利害の範囲は拡大し、複雑化することが多い。

「プロジェクトを完成させたい」と考えるプロジェクトマネジャーの視点からステークホルダーを捉えてみよう（図 13-1）。立場を変えれば違う視点が見えてくる。また、ステークホルダーの視点や顧客／利用者の視点で関係をみる。このように、視点を変えるだけで、プロジェクトの多面性を理解することができる。

### プロジェクトオーナを主体としたステークホルダーとの関係

さらに、プロジェクトのゴールに注目するならば、事業主であるプロジェクトオーナが概観するであろうステークホルダーの関係が見える。企業は利益を追求する経済的な側面と、企業を受け入れてくれる社会との関係を持っている。したがって、プロジェクト活動も、さまざまな経済的責任と社会的責任を合わせ持つことになる。

このような責任を全うするためには、プロジェクトの影響範囲を経済・社会・環境といった側面からも広く的確に捉えることが重要になる。図 13-2 は経済的利害関係、環境面での関係、社会的側面での関係に注目してステークホルダーを捉えたものである。

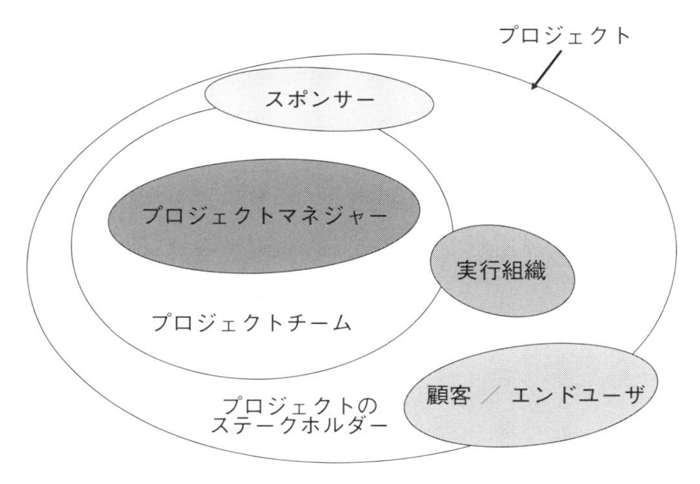


図13-1 プロジェクトマネジャー視点でのステークホルダー

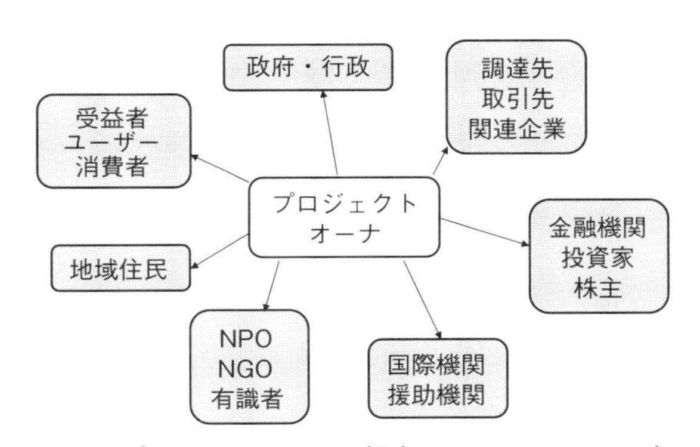


図13-2 プロジェクトオーナ視点でのステークホルダー

## 13.3　顧客との関係

「関係性の設計で中心になるのは、顧客との関係性構築である」ということは、これまで述べてきた。ここでは、顧客との関係性の類型に注目する。

顧客関係性を大きく類別すると「プロジェクトオーナ※2とエンドユーザとの関係」（**図 13-3**）と「発注者と受注者の関係」（**図 13-4**）で示すことができる。

顧客とプロジェクト遂行者の関係に注目すれば、**図 13-5** に見られるように、「プ

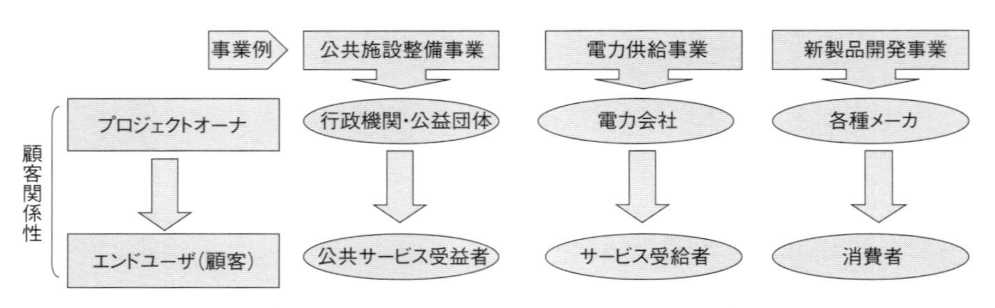


図 13-3 プロジェクトオーナから見たエンドユーザの関係性

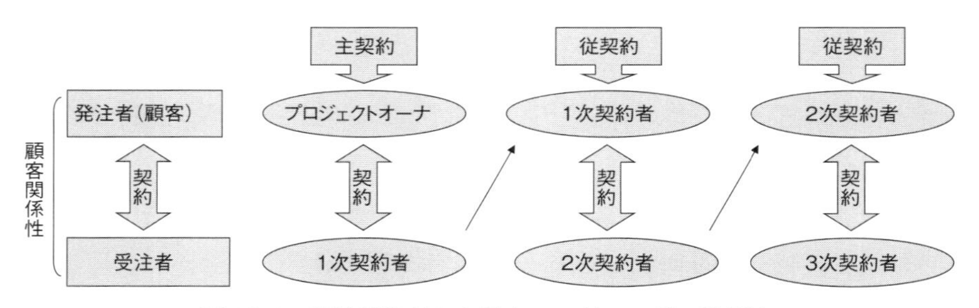


図 13-4　契約受注者から見たエンドユーザの関係性

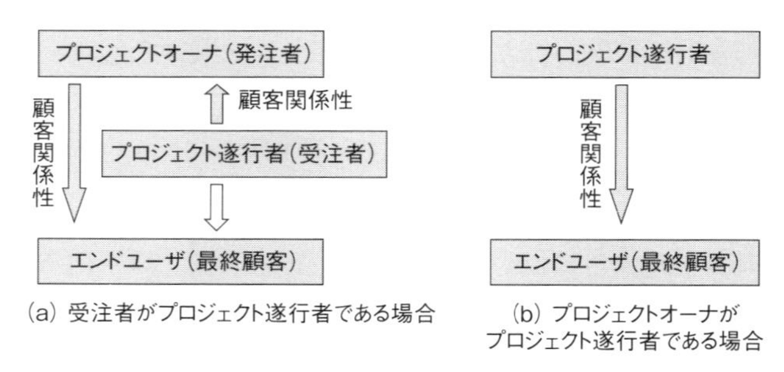


図 13-5　プロジェクト遂行者とエンドユーザの関係性

※2　一般にはプロジェクトの対象とする構造物や情報システムへの出資者がプロジェクトオーナとなることが多い。

ロジェクト遂行者がプロジェクトオーナである場合」と「プロジェクト遂行者がプロジェクト受注者である場合」によって、顧客の関係性が違うことに気づく。

事例 13-1　サービスレベルアグリーメント（Service Level Agreement: SLA）※3 に注目したプロジェクトオーナと顧客の関係性

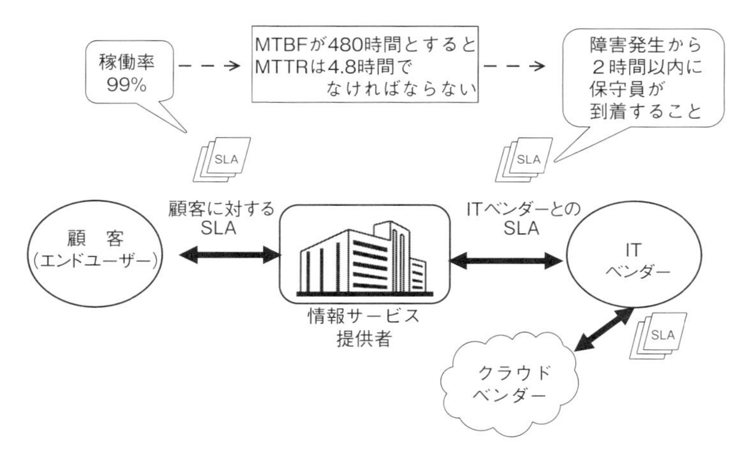


・MTBF（MeanTimeBetweenFailure:平均故障時間）：
　機器やシステムが故障するまでの時間（故障時間）の和をその間に生じた故障回数で割った平均値
・MTTR（MeanTime to Recovery：平均修復時間）：
　システムに障害が発生してから修復が完了するまでの時間の平均値

図 13-6　顧客関係性（Service Level Agreement：SLA）の観点

プロジェクトオーナである情報サービス提供者は、顧客（エンドユーザの場合）の要求を把握するためのモニタリングやコミュニケーションの仕組みを構築することが重要である。たとえば、プロジェクトオーナが常に顧客ニーズを的確に把握し、その結果で必要に応じてIT（Information Technology）ベンダ（vendor）とのSLAを見直しているという事例を想像してみよう。そうすることで、プロジェクトオーナの真のゴールを満足させることができる。

図 13-6は、顧客とプロジェクトオーナである情報サービス提供者との間で締結されるSLAと、プロジェクトオーナとITベンダとの間で締結されるSLA

※3　サービス品質保証契約のこと。ISディジタル辞典参照（http://ipsj-is.jp/isdic/1182/）

である。さらに、IT ベンダがクラウトをソリューションとして用いる場合に、IT ベンダとクラウドベンダとの間で締結される SLA が顧客ニーズを満たすために矛盾なくつながる必要があることを示している。

## ● 13章の演習課題 ●

13-1 住民が安心・安全に水を利用できる環境を維持し続けるためのステークホルダーについて、行政の視点で図示してみよう。

13-2 プロジェクトマネジャーから見たステークホルダーの視点をエンドユーザ視点に変えると、どのようなステークホルダーが考えられるのかを示してみよう。

13-3 関係しているサークル活動において、プロジェクトマネジャーの行動がメンバーにどのような影響を与えているのかについて議論し、メンバーに求められる行動とは何かという視点で整理してみよう。

# 14章

# プロジェクト価値の認識と評価

プロジェクトは、特定使命を受けて期限内に定められた成果を生む価値創造事業と定義されている。そこで本章では、プロジェクトの価値をどのように認識するか、認識した価値をどのように評価するかについて解説する。

## 14.1　価値の認識とは

プロジェクトの価値は、プロジェクトのステークホルダーにとっての価値である。個々のプロジェクトが持つ特定使命は、当該プロジェクトがいかなる価値の獲得を目的として存在するかを示している。その達成の過程および結果に基づくステークホルダーの満足度合いが、プロジェクトにより生み出された価値となる（図 14-1）。

プロジェクトは、個別性、有期性、不確実性という基本属性があり、プロジェクト特有の価値が存在する。個別性は、プロジェクトが特定使命の達成に向けて実践する、そのプロセス自体と成果物が価値を持つ。有期性は、プロジェクトを完成期限に完了することで、発注者として市場の獲得・拡大・確保といった優位

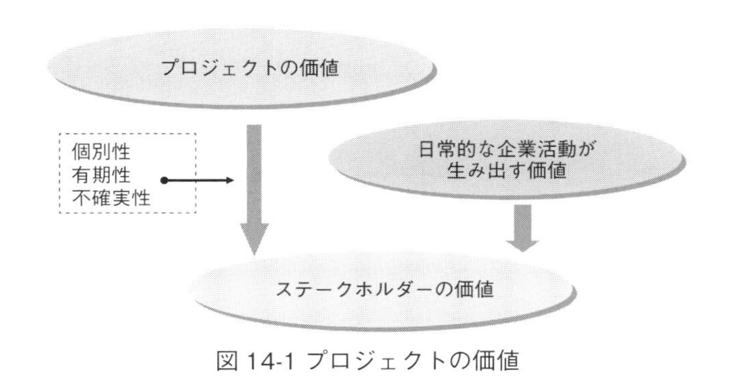


図 14-1 プロジェクトの価値

性を生み価値につながる。不確実性は、これを低減し克服することが発注者・受注者ともにプロジェクトにおける折衝ノウハウの確保・蓄積となり価値となる。

### プロジェクトの価値活動

プロジェクトにおける価値活動とは何かについて、図14-2に示す。生産工場建設事業の例である。生産工場そのものは、需要（市場）、環境保全・省エネ等の要求から建設・運営されることで価値を生むようになる。プロジェクト計画においては、企業ビジョンや戦略によってプロジェクトが計画され、実行に移される。これら企業ビジョンや戦略が価値を生み出す源泉となる。投資採算性がないならばプロジェクト実施は中止するしかない。計画段階で周到に計画・検討されているとはいえ、国際情勢が変化し完成後に投資採算性がなくなり、中止に追い込まれる事もある。このように多くの事業には不確実性（リスク）がある。プロジェクト実施段階では、建設を請け負うエンジニアリング・建設業（コントラクター）は、事業主（オーナ）の成功支援企業であり、契約に定められた品質・予算・工期で工場を完成させ、プロジェクトの価値を実現させる義務がある。プロジェクトの完成によって、コントラクター（受注企業）は収益を上げ事業を継続・拡大し、発展することができ、技術の進歩と蓄積が可能となる。プロジェクトを遂行し、完了することで人材が育ち、企業としての価値を高める。

この事例からわかるように、価値には、成果物の工場や収益といった有形なもの（有形資産：tangible assets）と、財務会計上にはあらわれない人材開発・育成といった無形なもの（無形資産：intangible assets）がある。

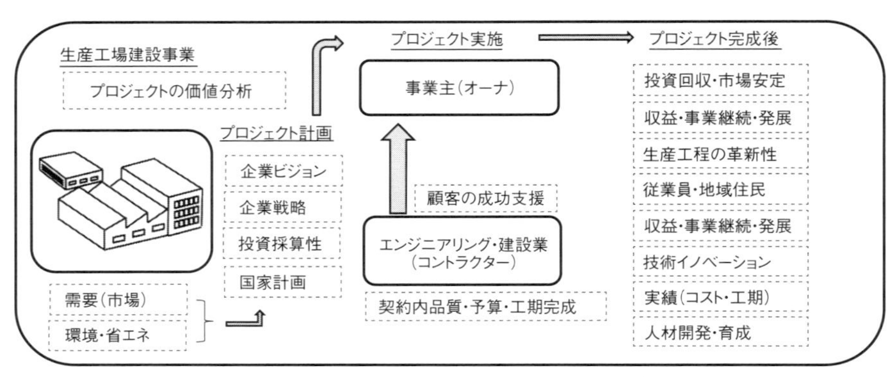


図14-2　生産工場建設事業プロジェクト価値分析

### 価値の分類

　プロジェクトが創出する価値について、次のように3つの視点で認識できる。

(1)　価値デザイン型のプロジェクトの場合
　企画・調査・研究型プロジェクトに該当し、成果物は、企画書、報告書や設計図書であり、スキームモデルに視点を置き価値を認識する。
・全体戦略
・プログラムミッション（プログラム使命）との整合性
・システムモデル、サービスモデルへの価値展開のストーリーなど

(2)　価値創造型のプロジェクトの場合
　システム開発や構造物構築プロジェクトであり、成果物はハードやソフトの完成品である。他の企業に対する優位性確保や将来に向けたナレッジの蓄積等があり、システムモデルの視点から価値を認識する。
・ステークホルダー（主に発注者）の満足
・技術的なイノベーション
・商品機能の革新
・開発や生産工程等の業務プロセス革新

(3)　価値獲得・成長型のプロジェクトの場合
　運用、アフターサービス、サービス事業や継続した経営活動が該当し、成果物はプロジェクトが生み出す収益であり、サービスモデルに視点を置き、価値を認識する。
・投資回収
・継続的な商品の優位性（機能、コスト、デザイン、ものづくり等）
・継続的なサービスモデルの優位性（モデル開発、シナジー効果等）

　価値の源泉は、究極的には、人と組織である。価値は人と組織に蓄積され、価値自身の増加や他の価値との融合で複合的な価値となり、重要な経営資産として認識されるべきである。こうした価値を育てる役割を果たす人材を重視し、組織においては次の点を価値として重視すべきである。

(1)　人材の開発と育成
(2)　組織力のレベル向上

(3) ナレッジの蓄積と活用のマネジメント等

### 継続的な価値の実現

プロジェクトには、立ち上げ、計画、遂行、コントロール、終結のプロセスがあり、各フェーズの段階にいかにマネジメントするかが課題であり、このマネジメントのノウハウが価値となる。プロジェクトマネジメント全体は価値を生み出す活動であるが、受注者と発注者ともに、プロジェクト遂行中、および終結後も継続的に価値を実現、獲得していく必要がある。そのいくつかの活動事例を紹介する。

(1) カイゼン

「カイゼン」とは、顧客満足を目標に掲げ、全員一丸となって問題点認識→問題解決→新標準設定→維持のPDCAサイクルを継続的に回すことにより、品質、コスト、納期などの各分野における改善を実施することである。また、カイゼンは「新たなアイデア」や「新たなプロセス」であり、プロジェクトに利用され、プロジェクトに貢献し、プロジェクトで試されその効果がフィードバックされるものである。カイゼンの出発点は、その必要性を認識することである。

(2) TQM 活動

TQM (Total Quality Management)は、企業・組織の経営の「質」向上に貢献する経営管理技術である。TQM は、企業の存在や活動そのものの質を向上することを目標としており、そのための長期的展望に基づくビジョンとこれを達成するための戦略を合理的に定める。したがって、その方法論はプロジェクトマネジメントにおける価値統合のプロセスやプロジェクト戦略で応用でき、新たなプロジェクト創出に貢献できる。

### 価値の源泉

企業が、日常活動であれプロジェクト活動であれ、価値を生み出す活動を営む過程で経験や知識が蓄えられていく。これらの知識、経験が発想の拠りどころになるという意味で、知識や経験は価値の源泉である。しかし知識や経験が価値の源泉たりうるためには、それらが価値と認識される形で意識的に蓄積され、共有され、効率的に再利用される仕組みが必要である。ここでは知識や経験の効率的

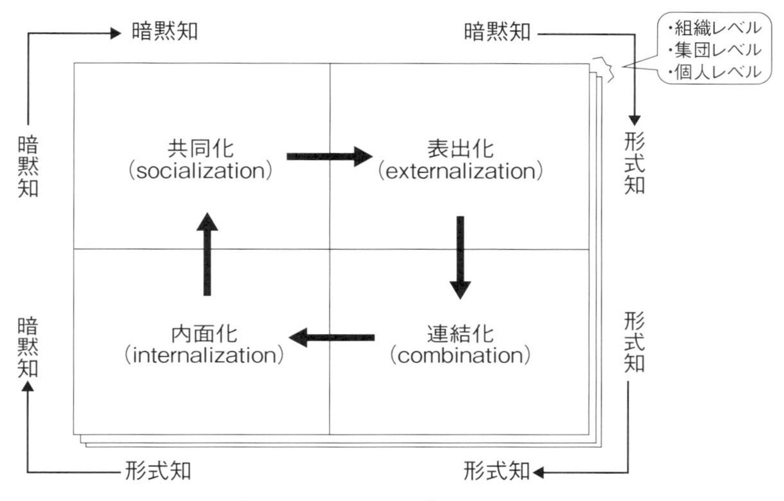


図 14-3　4 つの知識変換モード

な再利用と、日本文化におけるある種の強みを価値と捉えて紹介する。

(1)　ナレッジマネジメント

ナレッジマネジメントは、個人、外部の情報、知識を組織的知識体系として昇華し、組織経営に有効に活用していくための一連の活動である。

情報、知識の特定、収集、適応、体系化、適用、共有化、創出といったプロセスを有するものである。野中※1 は、図 14-3 の 4 つの知識変換モードにより、暗黙知（主観的な知、経験知、同時的な知、アナログ的な知）と形式知（客観的な知、理性知、順序的な知、デジタル的な知）の相互作用を通じて、組織の中で知識が創造されるプロセスを説明している。4 つの知識変換モードは次のとおりである。

①共同化：経験を共有することによって、暗黙知を創造するプロセスである

②表出化：暗黙知から形式知を明示化するプロセスである

③連結化：コンセプトを組み合わせてひとつの知識体系を作り出すプロセスである

---

※1　野中郁次郎、竹内弘高（著）：The Knowledge-Creating Company, Harvard Business Review,1991—梅本勝博（訳）：知識創造企業、東洋経済新報社、1996（pp.91-96 参照）

④内面化：体験を通して形式知を暗黙知として拡大し、共有するプロセスである

プロジェクトの期間中は、プロジェクト内でのナレッジの蓄積とその反映、および関係する組織・企業のナレッジマネジメントへのフィードバックという行為が同時に行われる。プロジェクトで蓄積されたナレッジは、さらに複数の組織・企業において同種のプロジェクトに活用され、新たなプロジェクト創出をもたらすこととなる。

| 事例 14-1 | 世界的な企業における建設の事例 |
| --- | --- |
| 各国で同種の建物を建設する際に、本社の建設部門に報告するルールを徹底している。一定金額以上の改善提案があったものは、必ず本社で情報を集積、社内の共用データベースにのせ、以降の設計および工事に反映している。 | |

(2)　教訓(lessons learned)の整理と活用

プロジェクト遂行中には種々の問題が発生する。過去のプロジェクトの教訓を整理し、類似プロジェクトを遂行する場合にその初期段階にそれらを見直し、問題が再発しないようにする。教訓は価値の源泉であり、一種のナレジマネジメントとしてよく採用されている手法である。しかしながら、教訓のデータベース化、フィードバックのプロセスが確立されなければ正しくマネジメントされない。

教訓から出発する問題再発防止は、リスクマネジメントと同じである。「問題点の特定、要因の解析、リスクの評価、対応策の決定、対応策実施」のコントロールを確立する手法（誰がいつまでに対応策を完了させるか、全体の進捗はどうかなどのプロセス）が重要である。

(3)　高コンテキスト文化と日本におけるグリーンエリア

異文化を高低のコンテキスト文化で分類し、その行動様式を眺めると、全ての異文化がこの中に収まる可能性は高い。

低コンテキスト文化では隙間なく各レベルの役割が明確に示されており、逆に明確に示されなければ業務上の落ちが出てくる。一方、高コンテキスト文化である日本企業では、職務分掌は決められているが、曖昧な部分が多い。

この曖昧さを補っているのがグリーンエリアといわれる場である。
　組織の中に、集団の目的、業務遂行の内容を共有するグリーンエリアが存在し、集団の目的に不足が生ずると誰かが自発的に分担するという自動調整作用が発生する。そこに職業的活動と生きがい活動が共存しているのではないだろうか。
　この場には、「曖昧さの中の自由」「暗黙知の世界」「自発性というエネルギー発散の場」といった説明し難い日本人の人生観があり、プロジェクト遂行における大きな価値となっている。日本企業のプロジェクト成功率が高い要因の一つと言えよう。しかし、海外とグローバルにプロジェクトを進める場合には通じない文化である。グローバルなプロジェクトでは、文化の違いをよく理解して進めることが必要である。

## 14.2　価値の評価

　価値の評価は、図14-4のようなプロセスによって、評価される。

### 価値評価のプロセス

　価値評価の目的は、プロジェクトの実施時期によって違う。評価のタイミングは、事前評価（初期フェーズ、計画の決定前）、中間評価（中間フェーズ）、事後評価（最終フェーズ、プロジェクトの完成・運営）、追跡評価（フォローアップフェーズ、プロジェクトの効果確認）である。図14-4はプロジェクトサイクルにおける評価の位置づけを示している。
　これらの評価の概要を(1)〜(4)で説明する。

(1)　事前評価
　プロジェクトの計画についての妥当性や実現可能性を検討し、個々のプロジェクトの絶対評価、ならびに複数プロジェクトの相対評価を行い、プロジェクト実施の可否ならびに選定の判断材料を提供する。

(2)　中間評価
　プロジェクトの進捗は常に把握することで重大な問題点を掘り出し、プロジェクトを取り巻く環境の変化への対応を検討し実施する。中間評価の結果は、プロジェクトの遂行過程で達成見通しを立て、工程の見直しや補正の要

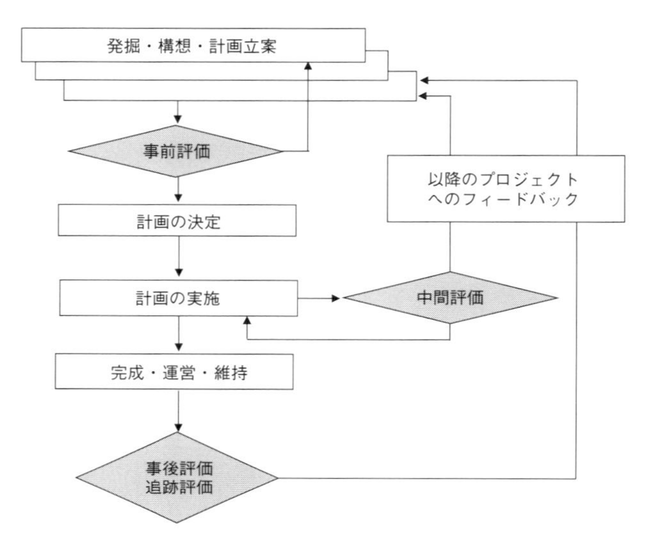


図 14-4　プロジェクトのプロセスと評価

否、継続自体の是非を判断する材料となる。

プロジェクトは全工程の 25% から 30% の時点の進捗率が、その後のプロジェクトの進捗を支配することが経験的にわかっている。中間評価として出た進捗遅れを放置するとプロジェクトは遅れ、コスト負担が増加する可能性が高まる。

(3)　事後評価

事後評価の目的は、プロジェクト終了時点において、実施経過や完成後の運営・維持状況について当初の計画内容と比較し、その差異や達成度を評価することである。計画で予測できずに起きた問題、不確実性（リスク）への対処の記録、その際の意思決定の経過、処置の妥当性の評価などを以後の類似プロジェクトにフィードバックすることが重要である。

(4)　追跡評価

プロジェクトによっては、その効果があらわれるまでに長い期間を要するものがある。このため、プロジェクト完了後の一定の期間（たとえば、情報システムが稼働して開発の投資額と得られた利益の実績を比較評価できるようになるまで）、プロジェクトの成果が及ぼした効果について追跡調査を実施し、当初の計画との差異を評価し、総合評価を行い、次のプロジェクト計画に参考とする。

## 14.3　評価の手法

評価の質を高めるために、評価手法や評価指標を設定・開発する必要がある。定量的な評価を行うには、評価指標に関する測定可能な対象も定めなければならない。これらを効率よく組み合わせることで、適切な定量的評価が可能になる。そこで、プロジェクトの価値評価で使われているいくつかの手法を次の(1)～(5)で紹介する。

(1)　採算性の見方

費用便益分析(cost benefit analysis)という手法では、プロジェクト実施の費用(コスト：C)と便益（ベネフィト：B)を算定した後、費用便益指標を求めることによって、プロジェクトを実施することが望ましいかどうかを判断するための材料を提供する。便益と費用の比較では、純便益(B−C)を使用する場合と、比率(B/C)で表す場合がある。

採算性評価では、収益性や採算性を数量的に把握し評価するための指標として、次の(a)、(b)、(c)の３つがある。

(a)　会計的指標：損益計算書をもとにした指標として、株主資本利益率(Return on Equity: ROE)や投下資本利益率(Return on Investment: ROI)が使われる。

(b)　現在価値法：プロジェクトの将来の予想損益に金利の概念を導入し、それが実現するまでの割引率で割引き、現時点での価値に引き直した上で投資額と比較する正味現在価値法(Net Present Value: NPV)を用いて、プロジェクト採算を評価する方法である。

(c)　返済能力指標：借入金の返済能力を直接的に分析する指標としては、元利返済カバレッジレシオ(Debt Service Coverage Ratio: DSCR)が一般的である。

(2)　VFM(Value for Money)

PFI(Private Finance Initiative)と呼ばれる公共事業の進め方がある。公共施設などの建設、維持管理、運営等を民間の資金、経営能力、および技術的能力を活用して行う新しい手法である。この計画では、先に述べた費用便益分析などによって実施事業が選定された後、その事業を従来型公共事業とPFI方式のいずれの方式で実施するかについて、VFM(Value For Money)による評価／判定方法がとられる。

VFMとはPFI手法の基本理念の一つで、「財政資金を国民のために最大限有効活用する」との考え方で、社会資本整備事業を行う上での効率性を測るコンセプトである。たとえば､税金を使って実施してきた公共サービスが､PFIの採用によって、これまでよりも「安価な費用で実施できる場合、良質のサービスが提供できる場合」や、通常の公共事業による場合と比較して費用対効果が大きい場合などに、VFMが得られると判断される。このVFMによるプロジェクトの評価分析手法は、一般の企業におけるプロジェクトの評価にも十分生かせるコンセプトと考えられる。

(3) 産業連関分析（需要予測モデル）

産業連関表を使って行う定量的な経済動向の把握や予測を産業連関分析といい､経済の将来予測や公共プロジェクトなどの経済波及効果分析に使われる。この分析手法は、プロジェクトの計画立案時だけでなく、事業実施後においても、社会経済状況の変化や実施内容の変化に伴う波及効果の変化についての把握、評価に活用できる。事前評価においても、実現の可能性を評価する上で最も重要なファクターである需要予測を正確に計画策定するために、産業連関分析などによる需要予測モデルの活用ができる。

(4) バランススコアカード(Balanced Score Card : BSC)

BSCは､経営指標マネジメントとして広く利用されている手法で､ロバート・キャプラン(Robert S. Kaplan)とデビット・ノートン(David P. Noton)が開発したものである。組織体の戦略を測定し、その実行に対処するツールとして、多くの企業で活用されている。BSCは、それぞれの組織について、財務の視点、顧客の視点、社内プロセスの視点、イノベーションと学習（学習と成長）の視点という4つの視点について、個別の目標と定量的評価指標を定める。

(5) 判別分析

判別分析は、観測されたいくつかの変数の値をもとに、対象を分類する方法である。たとえば、納期厳守率、予算厳守率、範囲厳守率、顧客満足度のデータからプロジェクトの成否の判別を行うことができる。

## 14.4　評価の指標

評価方法について理解を深めるために、その前提となる評価指標の基本的な知識を取り上げる。評価はプロジェクトのいろいろな場面でなされるため、その切り口は多面的であるが、どのタイミングでなされる評価であっても、そこには何らかの測定が伴う。測定で必要なのは、「全体の体系がわかるような評価指標があること」である。

そこで、プロジェクトの実行でよく使われる評価指標に注目する。ここで扱うのは、評価方法の開発で重視される主要成功要因(Critical Success Factors :CSF)と2つの評価指標「重要目標達成指標(Key Goal Indicator : KGI)」および「重要業績評価指標(Key Performance Indicator : KPI)」である。これらについて説明する。

・主要成功要因(CSF)

CSFは、経営戦略やITガバナンスなどを計画的に実施する際、その目標・目的を達成する上で決定的な影響を与える要因である。また、ビジネスの成否に関係を持つマネジメント上の重点管理項目でもある。

経営戦略を実行する上で何をすればよいのかを決定するもので、その分析・決定は重要な意味を持つ。マネジメントシステムにおいてCSFは、戦略／戦術レベルで、全社／部門／個人というレベルを追って策定され、最終的には定量的なKGI（重要目標達成指標)、KPI（重用業績評価指標）にまで展開される。

・重要目標達成指標(KGI)

KGIは、企業目標やビジネス戦略を実現するために設定した具体的な業務プロセスをモニタリングする指標の一つで、何をもって成果とするかを定量的に定めたものである。しかも、業務プロセスにおける目標（ゴール）と、それが達成されたか否かを評価するための評価基準でもある。その中間的数値指標として、次のKPI（重要業績評価指標）と合わせて利用されることが多い。

・重要業績評価指標(KPI)

KPI は、企業目標やビジネス戦略を実現するために設定した具体的な業務プロセスをモニタリングする指標の一つであり、どの程度実行されているのかを定量的に計測する指標である。

経営戦略では、命題となる目標を定め、次にその目標を具体的に実現する手段を策定し、その手段が正しく遂行されていることを測定する指標を決めることになる。この目標を戦略目標といい、手段を CSF（主要成功要因）という。また、指標を KGI（重要目標達成指標）や KPI で表現する。

KGI がプロセスの目標（ゴール）として達成したか否かを定量的に表すのに対し、KPI はプロセスの実施状況を計測するために、実行の度合い（パフォーマンス）を定量的に示すものである。KGI の達成に向かってプロセスが適切に実施されていることを中間で計測するのが KPI である。

一般に利用される KGI としては「売上高」「利益率」「成約件数」などがあるが、これに対して「引き合い案件数」「顧客訪問回数」「歩留まり率」「解約件数」などが KPI である。たとえば、「日次」「週次」などと呼ばれ、一定周期ごとに実績数値を計測して、進捗管理の評価に利用されている。

## ● 14 章の演習課題 ●

14-1　事例 10-1 で取り上げた研究成果発表会プロジェクトの価値を分析してみよう。

# 15章

# プロジェクトマネジメントの実践

第１部「プロジェクトの基本的概念」、第２部「実務から学ぶプロジェクトの本質と理論」、第３部「プロジェクトへの挑戦」を通して、プロジェクトおよびプロジェクトマネジメントについて学んだ。この章では、実践的な観点から応用事例を取り上げ、そのプロセスを俯瞰する。たとえば、定常業務とプロジェクトの違い、定常業務とプロジェクトとの関連などに言及する。

## 15.1　プロジェクトマネジメントと仕事の進め方

「プロジェクトマネジメント」や「プログラムマネジメント」の考え方は実社会においても広く活用されている。身近な事例として、大学でのイベントや卒業研究などがある。企業や社会における事例も、工場建設、情報システムの改善、新たな情報システムの開発、組織改革などと多様である。

企業や組織おける仕事の進め方は、定常業務とプロジェクトで異なる。通常は定常業務が基本となるが、定常組織で達成が困難な場合には「定常組織」から切り離して「プロジェクト」を実施する。これらの違いについて表 15-1 に示す。実際には、この２つを組み合わせて事業を推進する組織も多い。

表 15-1 定常業務とプロジェクトの違い

| | 定義 | 例 |
|---|---|---|
| 定常業務<br>（定常組織） | 事業の基盤となる業務で、日々進められるルーティン業務 | 工場での商品生産<br>店頭での商品販売経理業務<br>など |
| プロジェクト<br>（プロジェクト組織） | 定常業務では実現できない目標を達成するために、臨時に推進組織を作り、特定の期間で実行し、目標を達成し完了したら組織を解散する<br>建設、IT 関連では、プロジェクトの実施自体を事業とする専門会社がある | 工場建設<br>新情報システム開発<br>流通改革<br>ホテル建設<br>橋・トンネル建設　など |

プロジェクトにはいくつかの制約があることを1章で学んだが、ここではプロジェクトの基本属性（**図1-2**）と関連づけてプロジェクトの特徴（個別性、有期性、不確実性）について整理しておきたい。

⑴　個別性の観点

プロジェクトは「新しい価値」を生み出す仕組みや構造物を創造する臨時組織で進められるため、定常業務のルールだけでは対応できないことがある。また、個々のプロジェクトを成功させるために達成目標を明確にし、ときには組織外からスペシャリストを招き入れることもある。

⑵　有期性の観点

プロジェクトには納期という制約があり、期限内に完了しなければならない。このため綿密なスケジュールを作成し、プロジェクトを推進する必要がある。

⑶　不確実性の観点

プロジェクトには新たな課題や初めて体験する業務があるため、不確実な要素が多い。

プロジェクトと定常業務の関係を**図15-1**に示す。

定常業務を行う組織として、営業部門、製造部門、経理部門、人事部門などがある。たとえば、営業部門では販売目標や利益目標などに関する活動や管理を行う。製造部門では商品の製造に関わり、品質目標を管理する。また、経理部門で

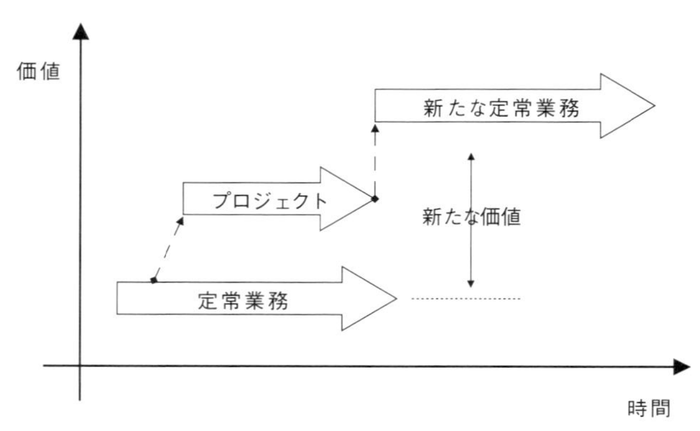


**図15-1　プロジェクトと定常業務の関係**

は所定期日までに決算を完了し管理する。そして、人事部門は定常業務に関係し、採用や人材育成に関わる。

定常業務においても、新経営方針の策定や法律等の改正に応じて新しい業務目標が設定される。定常業務で達成が困難とされる場合には、目標を達成する（新しい価値を創造する）ために「プロジェクト」が組織化される。そこで新しい目標を達成したら定常業務に引き継がれていく。

## 15.2　プロジェクト事業のサイクルモデル

プログラム（プロジェクト）は、構想・企画（スキームモデル）⇒システム構築（システムモデル）⇒システム運用（サービスモデル）というサイクルを必ず持っている。

・スキームモデル

初期段階では、プロジェクトで「何をするのか（使命）」、「何故するのか（目的）」、「価値をどのように創造するのか（目標）」などについて、経営グループの思い（構想）をもとに練り上げることが重要である。たとえば投資計画や収益計画などを

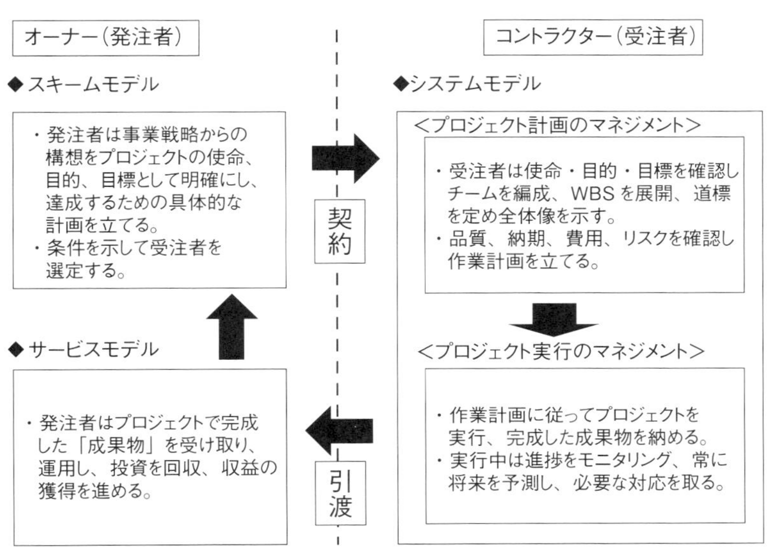


図15-2　事業のサイクルモデル

構想計画書に落とし込むまでがスキームモデルの役割となる。発注側のプロジェクト体制が組織化され、責任者（プロジェクトリーダー）が決まり、プロジェクトが立案されて、受注者が選択されれば契約に移行できる。

・システムモデル

システムモデルでは、スキームモデルで計画されたプロジェクト「新たな価値創造を生み出すシナリオ」を、実行計画を通して具体化し、実行を通して具現化する。受注者側のプロジェクトマネジャーが決まり、契約が整い、プロジェクトが動き出せば、詳細実行計画が発注者の承認を得て、実行に移されていく。プロジェクトマネジメントの実行では、プロジェクトミッション・目標に向けてプロジェクトのコントロールが行われる。

・サービスモデル

プロジェクトが完了し、製品やシステムが発注者に引き渡され検証が済めば、運用を始めることができる。発注者はここから、プロジェクトで完成したプロダクトを運用して、収益を向上させ、投資した資金を回収していくことになる。

プロジェクトを進める上で重視したいのは、「目的・目標を明確に定義する」、「計画（実行内容とプロセス）を明確にする」、「不確実性（リスク）を予測して計画に明示する」、「コミュニケーション（報告・連絡）を密にする」、「プロジェクト完了時にプロセスとプロダクトを評価する」ことなどである。

巷には「段取り八分、仕事二分」という格言があるが、これは「計画をしっかりやっておけば、仕事の8割は完了したと同じだ」という意味である。プロジェクトマネジメント(PM)でもこのことをシステマティックに実現しており、事前に検討・計画を徹底することで無駄を省き、仕事の質の向上ができる。

## 15.3　計画・実行のプロセス

プロジェクトマネジメントの計画プロセスは図15-3ようにまとめられる。

計画プロセスで重視されるのは、図中の①から⑨である。最後に「プロジェクト計画書」をまとめて発注者の承認を取る必要がある。

実行のプロセスは図15-4のように表現できる。実行のプロセスでは、図中の「プロジェクト使命、全体概要、目標、プロジェクト計画」をもとに、プロジェクト

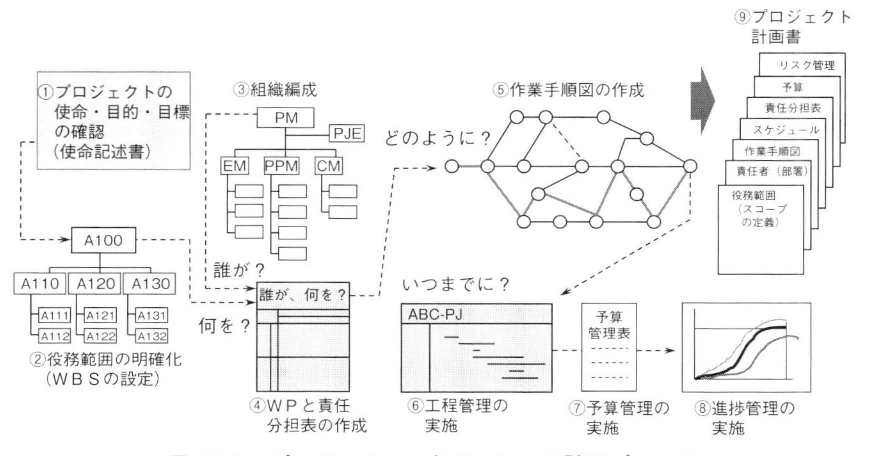

図 15-3　プロジェクトマネジメントの計画プロセス

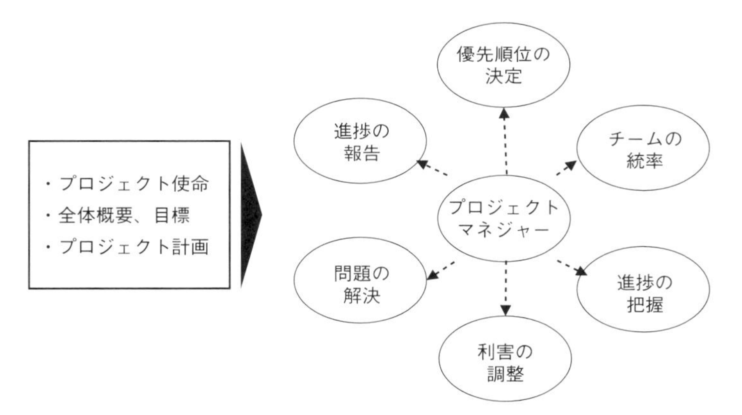

図 15-4　プロジェクトマネジメントの実行のプロセス

を管理する。ここでは実行の「優先順位の決定」から、チーム内や発注者への「定期進捗報告」までを繰り返す。

## プロジェクトとプロジェクトリーダー

プロジェクトは人が集まって組織を形成し、目標を決めて実行される。すなわち、プロジェクト実践の中心は「人」であって、ステークホルダーを一つの目標に向けてまとめていくのがプロジェクトリーダーの役目である。このため、プロジェクトチームを統率できる人がプロジェクトリーダーとなることが重要である。プロジェクトリーダーのスキル（行動力、知識、思考力）を身につけるためには、いろいろなプロジェクトに参加して、経験を積み重ねることが必要である。

## 15.4　プロジェクト実践の事例

この節では２種類のプロジェクトを取り上げる。一つは家族を背景とするプロジェクトの話題であり、もう一つは複雑な組織を背景とするプロジェクトのテーマである。

**【事例Ⅰ．家作りのプロジェクト】**

この事例は、家を建てることを目的としたプロジェクトである。佐々木家は現在、賃貸しマンションに住んでおり、家族は会社員の佐々木と妻と高校生の長女と中学生の長男の４人であるが、近々佐々木の母親が同居することになり、家族構成は５人となる。家族の一番の悩みは家が狭いことである。

そこで、佐々木がプロジェクトリーダーとなって家族会議を開き、計画を推進することになった。家族の意見を聞くと、それぞれが自分の部屋のイメージを持っており、建て売りでは全員の希望に添えないことがわかったため、土地を手当てし、注文住宅を建てることにした。こうして家作りのプロジェクトが始まったのである。

《構想・企画フェーズ》

プロジェクトリーダーを中心に構想を具体化することになり、家作りの構想を明確にして、資金を調達し、土地を選び、どんな家にするかを具体化することになった。設計や工事は専門会社に頼み、家具はタイムリーに購入したいと考えている。そこで、**表 15-2** のような基本計画と日程を立てた。

《実行フェーズ》

施工を受注したＡ工務店は、この建設プロジェクトのプロジェクトマネジャーとしてＢ氏を決定し、プロジェクトマネジメント計画表をまとめた。次に詳細設計図と工程表について佐々木家と検討し、施主の意図を確認し、数度の変更を経て、設計内容および工程、工事業者、資材メーカーを含めて佐々木家から「承認」を得た。

引き続きＢ氏は建築確認申請をまとめ、市役所に申請している。また、施主

表 15-2　基本計画

| | 1月 | 2月 | 3月 | 4月 | 5月 | 6月 | 7月 | 8月 | 9月 | 10月 | 11月 | 12月 |
|---|---|---|---|---|---|---|---|---|---|---|---|---|
| 構想・企画 | → | → | | | | | | | | | | |
| 資金調達 | | | → | | | | | | | | | |
| 土地購入 | | → | → | → | | | | | | | | |
| 家の建築 | | | | | → | → | → | → | → | → | → | 完成 |
| 転居 | | | | | | | | | | | | ★ |

と共に近所の挨拶回りをして建設土地の境界線の確認もしている。さらに、工事の優先順位を決め、施工をスタートした。施工にあたっては、「施工チームの統率」「進捗の把握と調整」「利害の調整」「問題の解決」「施工チームのコミュニケーション」「近隣への配慮」「佐々木家への定期報告と承認」などを心がけながら工事を完了した。そして、自社の完成検査、市役所の検査、施主検査を経て、完工し、施工チームは解散し、B 氏は役を解かれた。

この家作りプロジェクトのステークホルダーは「家族・母親」「設計事務所・工務店」「役所（許認可）」「銀行」「隣近所」であった。またリスク対象として検討したのは「転勤・転校」「病気」「災害」であった。

《運営フェーズ》

佐々木家は工務店から、家の引き渡しを経て、引っ越しの計画を立て、年末に引っ越しを済ませ、新しい暮らしがスタートしたのである。

佐々木家の新しい価値の創造はこれからである。

**【事例Ⅱ 流通会社の業務改革プロジェクト】**

流通卸業には、特定メーカーの直系販売会社、特定商品に特化した複数メーカーの商品を扱う販売会社、複数メーカーの売れ筋商品を販売する会社などがある。系列の販売会社への調査結果から、ある電気器具・電気製品・ICT システムなどを対象とする流通会社では業務改革が必要となっていた。その背景には顧客の要望に添えていないという現状があった。そこで、技術の進化や市場の変化を速やかに反映する仕組みに注目して、as-is と to-be の観点でまとめ、プロジェクトの内容をフェーズごとに展開することにした。

as-is の観点：電機メーカーZは、国内でビジネス機器を販売する50社を擁する総合的な企業である。そこには機器の販売・PC・ICT・ネットワークなどの商品を扱う4業種や修理部門・管理部門が含まれている。近年、ICTの進化と関連システムの高度化が急速に進み、販売店や顧客へのハード供給においてシステム提案やサポートに関連するサービスが追いつかなくなっている。

たとえば顧客や販売店からシステム改善や新たなシステム提案要求があっても対応できないことが多くなり、販売機会を失うことが懸念されている。

to-be の観点：系列工場からは、ハード中心の流通機能からICTシステムに対応できる流通システム（システム改善、仕組み提案等）へと改革して、ビジネス市場で事業を拡大したいという思いが伝えられている。

《構想・企画フェーズ》

流通改革プロジェクトを開始し、系列部門の関係者に市場調査を行った。「ハード商品のみでは事業拡大は望めない」、「流通の仕組み改革と人材の育成が必要である」との結論が得られた。これを反映した流通会社の改革案を図15-5に示す。ここには、「①流通拠点50社を地域毎に10社に統合して人材を集約し、各業種の特性に合わせた専門力を強化する。②システムエンジニア（SE）の採用と育成、顧客／販売店への提案力、サポート力の向上を図る。③ICT時代に通用する技術力重視の仕組みと商機を逃がさない流通体制を構築する。」という3年計画の目標が明記されている。

《実行フェーズ》

構想企画フェーズの提案を受け、企画プロジェクトで課題を検討し、実行プロジェクトを決定した。ステークホルダー（株主と組合）の理解と納得を優先し、協力の確約を得ることが最重要課題となり、PMO（6.6節参照）を置いてその管理下で実行することになった。プロジェクトの実行スケジュールを表15-3に示す。

《運用フェーズ》

移行は現行の事業を展開しながら、新しい仕組みや情報システムを並行して導入する。商品の流通は地域本社に在庫を集中させ、配送を合理化して多品種少量で運用することが可能になった。SEの評価に関しては、総合的に判断することとした。

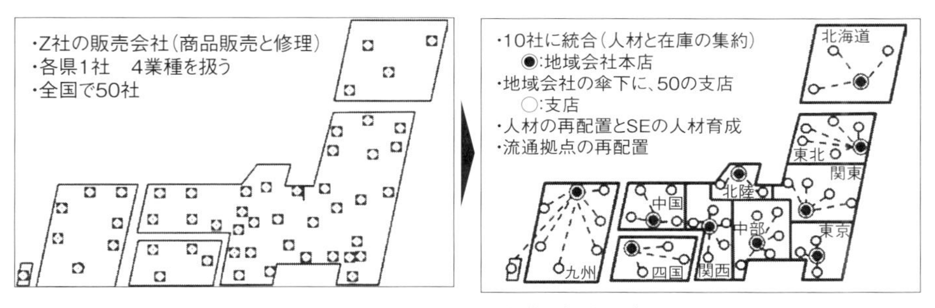


図 15-5　流通会社の改革（3 年後）

表 15-3　実行のスケジュール

| 実行プロジェクト | 1 年目 | | 2 年目 | | 3 年目 | | 4 年目 |
|---|---|---|---|---|---|---|---|
| 企画プロジェクト | | | | | | | |
| ▶ ENG 体制構築 PJ | | | | | | | |
| ▶流通改革 PJ | | | | | | | |
| ▶情報システム開発 PJ | | | | | | | |
| ▶人事評価改革 PJ | | | | | | | |
| ▶経営制度改革 PJ | | | | | | | |

Step1　▲
＜新体制スタート＞

## 15.5 最後に

本書での学びはゴールに近づいた。この先には複雑で規模の大きな現実社会の問題が待っている。それらのプロジェクトに自ら踏み込まねばならない。プロジェクトの経験を重ねるごとに、各自の知恵袋は大きく膨らんでいくであろうが、その第一歩に向けて、少しだけ知恵を提供することにしたい。

そこで、この節では本書で取り上げてきた話題を異なる観点から眺めて、特に重要なことをいくつか整理する。たとえば、「PMの特徴とは何だろう？」「PMの流れはどうなっているの？」「プロジェクト組織はどうつくるの？」「プロジェクトにおける制約とは何だろう？」などの疑問を紐解くことにしよう。

(a) プロジェクトマネジメントの特徴

プロジェクトマネジメントとはプロジェクトの目的を達成するために、プロジェクトの持つ個別性・有期性・不確実性という基本属性を考慮した管理を行うことである(1章参照)。このことから、プロジェクトでは「特定の課題や問題を解決して独自の成果を出すこと」、「何を達成するのかが明確であること」、「プロジェクトには資源的制約があること」などが重要であり、これを達成するためには「チームワーク」が必要であるということが理解できるであろう。

(b) プロジェクトマネジメントの流れ

プロジェクトを達成するために、(a)を視野に入れて、ステークホルダーの要求や期待に応えられるように、総合的に計画・運営をするための組織・知識・手法をバランスよく活用してプロジェクトを遂行することになる。その際、「①プロジェクトの構想」を立て⇒「②プロジェクトの計画」を実行し⇔「③プロジェクトの運営管理」を行い⇒「④プロジェクトの完了管理」をするという流れで業務を実行する。ここで、②と③の活動の間に「⇔」が示されているが、これは双方が表裏一体で行われることを意味している。

(c) プロジェクトの組織

プロジェクトが成功するか否かは、プロジェクトの組織作りに関わっているといっても過言ではない。プロジェクトの組織作りでは、プロジェクトマネジャーを決め、マネジャーが中心となってチームビルディングが行われる。プロジェクトを効果的に運営するための組織形態として、マトリックス型やプロジェクト型組織がある(6章参照)。

(d)　プロジェクトの制約条件

プロジェクトを実行して一定の成果を得るためには、プロジェクトを取り巻くさまざまな制約条件の中でタイムリーに意思決定をして行く必要がある。制約条件には、予算、時間、要求される品質、人的資源、技術力、許容可能なリスク、ステークホルダーのニーズなどがある。プロジェクトマネジメントではこれらを、品質管理として「品質(Quality：Q)、コスト(Cost：C)、納期(Delivery：D)」で大きく括っている(11章参照)。

**今後に向けての期待**

必要に応じて付録も活用されることを期待している。また、この教科書を利用して疑問に思ったこと、要望したいことなどがあれば「PBLのすゝめ」のサイト(http://www.pmaj.or.jp/pbl/)で順次対応していくので利用されることを期待する（「改訂にあたって」参照)。

## ●　15章の演習課題　●

15-1　事例Ⅰで出現したプロジェクトマネジャーB氏の活動に関して、プロジェクトマネジメントを実行するときに、「佐々木家（施主）および施工業者に対して注意・配慮すべきことは何であったか」をまとめなさい。

15-2　事例Ⅱにおいて、あなたがプログラムマネジャーとしてプログラムを推進する立場になった場合を想定して、「中長期視点で何を考慮すべきか」をまとめなさい。

# 演習課題の解答（またはヒント）

## 1章（ヒント）

### 1-1

1章で学んだ範囲で理解できたことを説明すること。さらに、疑問に感じたことを列挙しておくと、後の章で得られた知識が蓄積されるにしたがって考え方に変化が現れることを確認できる。

### 1-2

1章全体を通して理解したプロジェクトマネジメントの概念を記述しよう。

### 1-3

プロジェクトの目的によって、プロダクトが違うことを認識したはずである。身近で見られる街づくりなどのプロジェクトを思い浮かべて、具体的なプロダクトの例を述べればよい。

## 2章（ヒント）

### 2-1

2章に述べられている試験制度をキーワードとして調査するとよい。

### 2-2

JIS ハンドブックのジャンルに注目すると調べやすい。

### 2-3

文部科学省が取り組んでいるプロジェクトは、Web の関係サイトに全て公開されている。

## 3章（ヒント）

### 3-1

あなたが利用したことがある図書館システムにどのような仕組みがあったかを思い出し、不便だったことや改善して欲しかったことなどの問題状況を分析して、こうあるべきと思われる実現可能なシナリオを表現するとよい。

## 4章（ヒント）

### 4-1

自然がもたらす災害をいかに防ぐのかといった取り組みが行われている一方では、自然災害を増長するような人工システムも少なくない。自らをいろいろな立場におくと新たな問題状況が見えてくる。社会のインフラを享受している立場から、どのような問題があり、どう改善したらよいかを考えてみよう。さらに問題解決の可能性ついても分析してみよう。解決にあたって、たとえば図4-3、図4-4などを参考にしよう。

## 5章（ヒント）

### 5-1

プロジェクトを構成する6つの資源に注目し、このイベントに関係する項目を列挙して、具体的な検討事項をまとめるとよい。

## 6章（ヒント）

### 6-1

日常業務に注目して、機能別組織と事業部制組織の特徴を考えてみよう。

### 6-2

日常業務とプロジェクトなどの組織形態の違いに注目しながら、プロジェクト組織の特徴を考えてみよう。また、プロジェクト型組織とマトリックス型組織の形態を比較して見るのもよい。

### 6-3

ボランティア活動やサークル活動や学園祭などのイベントに参加した経験などを思い出し、どのようにチームが組織化されたかを考えるとよい。

### 6-4

マトリックス型組織の最大のメリットは、人的資源の有効利用が可能であること、各組織の持つ技術が効果的に集められることである。デメリットは、組織の命令系統がプロジェクトと各組織とでは異なるために、複雑で混乱しやすいことである。表6-1を参照するとよい。

## 7章（ヒント）

### 7-1

日常的に無意識に使われている言葉や習慣などに目を向けて事例を考えてみるのもよい。

## 8章（ヒント）

### 8-1

身近なイベントや部活などで蓄積されてきた情報で、関係者の活動などで形式化され使われているものに注目してみるとよい。

## 9章（ヒント）

### 9-1

評価の対象とする具体的な例を考えたあと、プロジェクトポートフォリオ例を参考にして独自の評価ゾーンを設定してみるのもよい。

## 10 章

### 10-1 の解答例

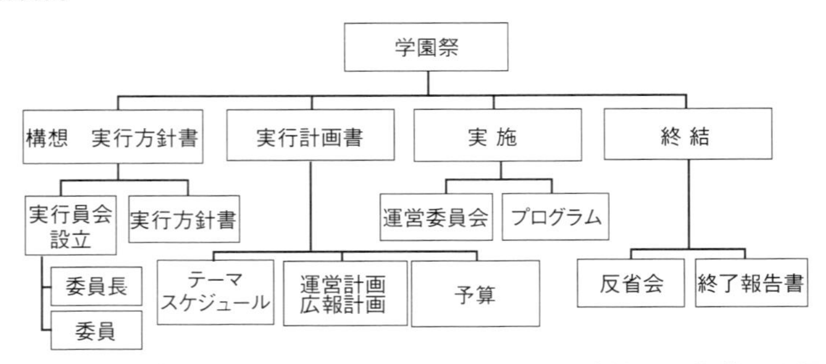


作図のポイント：まずフェーズで分け、次に各フェーズで実施する作業を分類しよう。

### 10-2 の解答例

フェーズⅠ（構想）

構想をスタートするために、コアとなる実行員会を立ち上げる。実行委員長をマネジャーとして今年度のテーマを協議し決定する。過年度の教訓を整理し、学園祭の実行方針、戦略を立案する。結果は実行方針としてまとめ、委員会の中で決定し承認する。

フェーズⅡ（計画）

構想フェーズで決定された実行方針にしたがって、具体的な計画を練る。必要な作業を分解し必要な資源（人・物）、スケジュールを決め、予算も試算する。それらを遂行計画書としてまとめる。この遂行計画書を実行員会で決定・承認し、教授会からも承認を得る。関係者に遂行計画書を配布し、実施準備のスタートを指示する。

フェーズⅢ（実施）

関係者は遂行計画書にしたがって準備に入り、学園祭は実施に移される。

フェーズⅣ（終結）

学園祭は実施され、最終日を迎え終わりとなる。実行委員、関係者は、実施の記録を文書に残し、終了の反省会を開催し、次年度のための教訓を整理しまとめる。

## 11 章

### 11-1　解答例

課題から、与えられた情報は①～⑦のように整理できる。

① 250 室のホテルを 1 年以内に福岡で建設する。

② ホテルの延床面積は、18,000㎡である。

③ 参考になる大阪の類似のホテルは 180 室で、延床面積 13,500㎡であった。

④ 大阪のホテルの総工費は 44 億円であった。

⑤ 建設コストの都市間格差指数は、福岡：95.2、大阪：97.9 である。

⑥　スケールファクターは0.7である。
⑦　来年までのインフレーションは、2％と見込まれる。

以上の情報から、

福岡で京都と同じものを建設すると、④と⑤の情報から

$44 \times 95.2/97.9 = 42.787$ ……(1)

が得られる（約43億円）。

(1)の結果を使って最終製品単位法で概算すると、①と③と⑦の情報から

$42.787 \times 250/180 \times 1.02 = 60.615$ ……(2)

が得られ、約61億円となる。

また、物理的な次元法で概算すると、(1)と②と③、および⑦の情報から

$42.787 \times 18{,}000/13{,}500 \times 1.02 = 58.190$ ……(3)

が得られ、約58億円となる。

また、指数法を使用して客室数で概算すると、(1)と①、③、⑥、および⑦の情報から

$42.787 \times (250/180)^{0.7} \times 1.02 = 54.926$ ……(4)

が得られ、約55億円となる。

また、指数法を使用して延床面積で概算すると、(1)と②、③、⑥、および⑦の情報から

$42.787 \times (18{,}000/13{,}500)^{0.7} \times 1.02 = 53.379$ ……(5)

が得られ、約53億円となる。

上の4つの方法で得られた結果（(2)〜(5)のいずれか）が、超概算見積もりとなる。

### 11-2

図11-5と関係式を参照するとよい。PVとACとEVの関係から次のことがわかる。コスト効率指数(CPI)とスケジュール効率指数(SPI)が"＜1"の場合は、作業出来高(EV)に対して予算超過を起こしている。また、スケジュールは予定を満たしていない状況である。したがって、

| | 5ヶ月 | 7ヶ月 |
|---|---|---|
| CPI(=EV/AC) | 0.92 | 0.97 |
| SPI(=EV/PV) | 1.1 | 0.97 |

であり、A、B、C、Dの中から適切な解を選択すればよい。

## 12章（ヒント）

### 12-1

リスクの軽減対策に照らして、可能な対応策について議論し整理しよう。

## 13章（ヒント）

### 13-1

図13-3を参照して視点を変えてみるとよい。

### 13-2

図13-2を参照して視点を変えてみるとよい。

### 13-3

たとえば、サークルのメンバーのいろいろな立場に立って自由に議論して記録を残した後で、メンバーの視点をまとめるとよい。

## 14章

### 14-1　解答例

・プロジェクト全体からは、学科の価値の向上、研究・発表レベルの向上、他大学との交流がある。
・教員（スポンサー）からプロジェクト運営を学生に依頼したことから、遂行チームはプロジェクト実施経験（遂行計画、企画、運営、予算・スケジュール管理などのマネジメント）が得られる。
・その他、遂行メンバーのチームワーク、他大学との人的関係性の構築等があげられる。

## 15章（ヒント）

### 15-1

家作りのプロジェクトにおいて、プロジェクトマネジメント手法がどのように活用されたかに注目しよう。たとえば、希望する家を建てるために佐々木家はどのような活動をしたか、佐々木家の理想と現実との折り合いを付けるためにプロジェクトマネジャーBはどのような活動をしたかなどに注目するとよい。

### 15-2

たとえば、次のような観点がある。

① 構想・企画（特にシナリオ）を練り上げ、全社にコンセンサスと取っておく。
② 長期にわたるため、3年単位の中期計画としてフェーズゲートを設けて実行する。
③ 人が変わり全社組織が変わることをファクターに入れて基本計画が大きくぶれないように工夫する。

# 用語解説

ここではプロジェクトマネジメントを学ぶうえで必要な用語をまとめた。

### ● CRM（Customer Relationship Management）

情報技術の進歩を利用して情報を一元管理する仕組みを構築し、同一顧客に対しては会社全体として整合性のとれた対応を目指すような仕組みの総称。CRMを社内ネットワーク上で実現することにより、顧客対応を迅速に行うことを目指している企業は多い。CRMは、システム化による業務の効率化およびインターネットへの対応という側面と、顧客関係を維持強化しマーケティングに利用するための情報の蓄積および分析という側面をもつ。

### ● PV（Planed Value）

プロジェクト開始から、ある時点までに計画された作業の予算の累計である。なお、プロジェクト完成時のPVは、総予算（Budget at Completion：BAC）と等しい。

### ● SNS（Social Networking Service）

広義には、社会的ネットワークを構築できるサービスやウェブサイトが、ソーシャル・ネットワーキング・サービスであると定義されている。狭義には、人と人とのつながりを促進・サポートする「コミュニティ型の会員制のサービス（サービスを提供するウェブサイトを含む）」であると定義されている。

SNSの主な目的は、個人間のコミュニケーションであり、利用者は会員登録をすることで利用できる。人のつながりを重視し、既存の参加者からの招待がないと参加できないシステムになっているものが多い。たとえば、Twitter、Facebook、LINEなどがある。

### ● WBS（Work Breakdown Structure）

プロジェクトの目的達成のために、スコープや作業項目などの実行すべき全ての作業を、効果的な計画や管理を行うのに必要なレベルまで階層状に分割、細分化し、プロダクトに基づいて体系的に階層組織化し、相互関係を表したものである。

### ●アーンドバリューマネジメント（Earned Value Management:EVM）

スコープ、コスト、スケジュールの進捗を同一の測定基準で統合的に捉え、プロジェクトの進捗状況やパフォーマンスを評価し、さらに最終推定コストや最終推定期間を算出する。このような技法を用いてプロジェクトを最適化する一連のプロセスを「アーンドバリューマネジメント」という。

### ●委任契約
委任契約とは、当事者の一方（委任者）が法律行為その他の事務の処理を相手方（受任者）に委託し、相手方がこれを承諾することにより成立する契約。委任契約は仕事の完成が目的ではなく、契約で委託された仕事の履行であるため、必ずしも結果を出すことは求められない。弁護士、コンサルティングなどの契約は一般に委任契約である。

### ●イノベーション（innovation）
イノベーションとは、J.A.Schumpeter（シュンペーター）によって始めて定義された言葉である。英語の「innovation」には「革新」「一新」などの意味があるが、ここには「新しいもの（製品）を生産すること」や「既存のものを新しい方法で生産すること（新生産方法、新資源の獲得、マーケットの開拓、組織の改革など）」が含まれる。
また「技術革新」「大きな変化」「新しいサービス」などの意味を持ち、さらに「社会を大きく動かす技術革新」や「新たな概念」を指す言葉としても使われている。

### ●ウォーターフォール型開発方式
ソフトウェア開発方式の一つで、基本的・一般的な開発モデルである。プロジェクト全体をいくつかの工程に分割し、各工程での成果物（仕様書や設計書などのドキュメント）を明確に定義し、その成果物に基づいて後工程の作業を順次行っていく。

### ●請負契約
請負契約とは、当事者の一方（請負人）が相手方（注文者）に仕事の完成を約束し、後者がその仕事の結果に対する対価（報酬）の支払いを約束することにより成立する契約である。契約の主眼は仕事の完成にあるため、必ずしも仕事は請負人自らの労務によって遂行されなくてもよい。したがって、一般には下請の活用も可能であるが、契約によっては下請に制限を設ける場合もある。土木工事、建築工事、製造などは、一般に請負契約がなされている。

### ●エスカレーション（escalation）
当初の見積もり後、コントラクタが制御できない市場要因により履行コストに変動をきたし、完工時コストとの間に差異が生ずることが予測される場合に備え、それを調整するためにあらかじめ見積もり金額に入れておく予備費である。

### ●ガントチャート
スケジュールを横型棒グラフで示した工程管理図、またはその表記法をいう。縦軸にタスク、横軸に時間を置き、各作業の所要期間をそれに比例した長さの横棒で示した図である。横線式工程表、バーチャート、線表ともいわれている。このほか、マイルストーンを書き込んだマイルストーンチャートや、タスク間の依存関係を示す補助線を加えた表記法等、多くの書き方が派生している。

●キャッシュフロー(cash flow)
事業活動における資金繰りの考え方となる。一定の事業は事業収入をもたらすが、この収入はさまざまな運営諸経費の支払いや借入金の返済、税金の支払い、株主に対する配当の支払い等に分配されることになり、これら一連の資金の出入りのことをキャッシュフローという。プロジェクトファイナンスの場合、事業がもたらすキャッシュフローが借入金の唯一の返済原資となり、これが不足すると借入金の返済が滞ることから、その安定性や変動のあり方が融資適格性の大きな判断要素になる。

●クラッシング(crashing)
スケジュールを短縮する手法の一つである。特にクリティカルパス上の作業にリソースを追加投入し、その作業期間を短縮することで、プロジェクトの納期短縮を図る。追加するリソースを確保するためのコストとスケジュールのバランスに注意する必要がある。

●コンティンジェンシー(contingency)
一般に発生の可能性はあるが不確定であるため、現時点では定量化することが困難な潜在的コストに備えるために、プロジェクト予算上に設けられた危険予備費である。

●コンティンジェンシープラン(contingency plan)
リスク要素の顕在化に備えるための予備的な対応を図ることで、プロジェクト全体から見た場合、負債要素や資本要素にこれを求めたり、プロジェクトを構成するステークホルダーにこれを求めたりと、さまざまな考え方をとることができる。前提条件が設定されている場合にはその範囲内で考え、設定されていない場合には全体の仕組みの中で自由にその設定を考えることができる。

●コンテキスト(context)
一般的に「文脈」と訳されるが「脈絡」「状況」「前後関係」「背景」などとも訳される。コミュニケーションに影響を及ぼす物理的・社会的・心理的・時間的な環境全てを指し、コミュニケーションの形式ならびに内容に含まれている。

●コンピテンシー(competency)またはコンピテンス(competence)
高業績者には共通した行動パターンがあり、高業績者によって実証された有効な行動パターンを生み出す統合的な行動特性能力をコンピテンシーという。高業績者とは常に有効な行動をとることのできる人で、有効な行動を再現でき、有効な行動の生起を予測させる能力をコンピテンシーと定義している。

## ●正味現在価値（Net Present Value:NPV）

現在価値（Present Value：PV）とは、将来の金額を現在に置き換えて換算した価値である。たとえば、100万円を年5%で銀行に預けるとすれば、1年後には105万円となる。

100万円（現在）×（1＋0.05）＝105万円（1年後）

このとき、105万円を1年後の将来価値（Future Value：FV）という。逆に考えると、1年後の105万円は次のように現時点では100万円の価値しかないことになる。このときの100万円を1年後の105万円に対する現在価値と呼び、金利の5%を割引率（ディスカウントレート）という。正味現在価値は、現在価値から初期投資額を差し引いて求められる。正味現在価値がプラスであるということは、その投資がディスカウントレート以上の収益率を適用することを意味する。

## ●ステークホルダー（stakeholder）

ステークホルダーとは、もともと牛をつなぎ止めておく杭のことを指し、杭につながれた牛の活動範囲に入ってくる飼い主や他の動物などとの利害関係者を指した。これが転じて、企業活動に関わる関係者のことをステークホルダーといい、特定のプロジェクトに関係する特定の利害関係者のことをプロジェクトステークホルダー（Project Stakeholder）という。たとえば、次のような個人や組織が含まれる。

・企業内部：経営者、従業員と労働組合等
・経済的契約関係：顧客、外注先、仕入れ先（調達先）、提携先企業、ライセンサー、金融機関等
・非経済的契約関係：地域住民、国・地方自治体、NPO（非営利団体）、マスコミ等

## ●責任分担表（Responsibility Matrix:RM）

プロジェクトのWBSからそれに対応したOBS（Organization Breakdown Structure）が作成されるが、最下位の業務レベルでは責任分担表が作られる。RMではどの部署（サブプロジェクトチーム）が、どのようなまとまった業務を行うかを明確にし、その詳細レベルではプロジェクトチーム員個々がどの特定業務の職務に責任と権限をもつのかがまとめられている。

## ●ダイバーシティ & インクルージョン（diversity & inclusion）

ダイバーシティ（多様性）は、文化や背景（人種、性別、年代／年齢、民族／国籍、宗教など）や個人的特質（障害など）をもった人を組織に受け入れ、組織のパフォーマンスを高めることを目標とした取り組みである。これは、一人ひとりを尊重し、さまざまな意見やアイディアを聴き入れ、組織全体としてダイバーシティを受容（インクルージョン）し、新たな価値を創造していくという考え方に進化した。たとえば、教育の場、社会・福祉の場、企業・ビジネスの場におけるインクルージョンがある。

**●チームビルディング(team building)**
プロジェクトは個人の集団であるチームによって作業を遂行することから、チームのパフォーマンスを向上させるためのチームメンバー間のコミュニケーション向上、プロジェクト目標の共有化などを主な目的とした種々の推進・啓蒙活動をいう。

**●出来高(Earned Value:EV)**
プロジェクト開始から、ある時点までの作業を完了するために要した予算の累計をいう。

**●バランススコアカード(Balanced Scorecard:BSC)**
ロバート・S.キャプランとデビッド・P.ノートンが開発した経営指標のマネジメントとして広く利用されている手法である。経営のビジョンや戦略を明確にして実行する場合に、経営者だけが理解するのではなく、従業員、株主、顧客、地域住民などが客観的に、顧客、財務、業務プロセス、人材の4つの視点からバランスよく評価することが特徴である。

**●ファーストトラッキング(fast tracking)**
スケジュールを短縮する手法の一つである。特にクリティカルパス上の作業間の順序や依存関係を見直し、リソース上の制約を考慮しながら並行作業を増やすことで、工程を短縮する。ファーストトラッキングでは、作業の手戻りなど新たに発生するリスクに注意を払う必要がある。

**●ベースライン**
スコープ、予算、スケジュール、リソースなど、承認済みの計画のことで、一般的に時系列に展開する。スケジュールベースラインやアーンドバリューマネジメントで用いる管理基準線（PMB）などの総称である。

**●マイルストーンチャート(milestone chart)**
ガントチャート(Gantt Chart)の一種で、プロジェクトの重要なイベントなどのマイルストーンを書き込んだ工程管理図である。

**●ワークデザイン(Work Design:WD)**
ワークデザイン法は、1960年代に米国のG.ナドラーが創始した考え方であり、場の設定、機能展開、機能決定、コンポーネント分解など、問題認識と解決策作成までの統合的な方法を提示している。ワークデザインのキーワードは、機能展開と理想システムである。機能をボトムアップで次々に追求することを機能展開と呼ぶ。設定されたシステムの機能について、できるだけ高いレベルまで展開する。上位の機能でシステムを設計すると解決の可能性が増大するし、そのシステムのカバーする領域は広くなる。理想システムとは、ノーコスト、ノータイムで目的が達成されるシステムのことである。理想システムを設計してから、現状のシステムや現状の技術水準と比較して、実行可能な推奨システムを設計する。

### ●ワークパッケージ(Work Package:WP)

作業分割によってWBSを上位の階層から予算やスケジュールの計画が実施可能な階層まで詳細化し、最も下位のレベルのWBS構成要素を「ワークパッケージ」という。ワークパッケージの詳細度は、プロジェクトの規模や重要度など、必要とされる管理のレベルによって異なる。直近の作業では詳細なレベルのスケジュール計画を必要とするが、一方、遠い将来の作業で詳細化が困難な場合は、比較的上位のWBSレベルで計画し段階的に詳細化する。「ローリングウェーブ計画法」では、同一のプロジェクトであってもプロジェクトのフェーズによってワークパッケージの詳細度が異なる。一般的に、作業分割はワークパッケージのレベルまで分割を行うといわれているが、近年ではスケジューリング・ツールの普及によって、実作業レベルのタスクまで分割して使用される例が増えている。

# 参考文献


[1] 清水基夫：『プロジェクト&プログラムマネジメント』、日本能率協会マネジメントセンター（2010）

[2] 米倉誠一郎：『経営改革の構造』、岩波書店（1999）

[3] 丸山雅祥：『経営の経済学 新版—BUSINESS ECONOMICS』、有斐閣（2011）

[4] 野田稔：『組織論再入門—戦略実現に向けた人と組織のデザイン』、ダイヤモンド社（2005）

[5] 中原淳、長岡健：『ダイアローグ 対話する組織』、ダイヤモンド社（2009）

[6] 酒井譲：『ご機嫌な職場』、東洋経済新報社（2011）

[7] 安岡洋之、中林鉄太郎：『「マルちゃん」はなぜメキシコの国民食になったのか〜世界で売れる商品の異文化対応力』、日経BP社（2011）

[8] 青島矢一、加藤俊彦：『競争戦略論』、東洋経済新報社（2003）

[9] 酒井譲：『あたらしい戦略の教科書』、ディスカヴァー・トゥエンティワン（2008）

[10] PMAJ：『P2Mプロジェクト&プログラムマネジメント標準ガイドブック』、日本能率協会マネジメントセンター（2007）

[11] 城戸俊二、三浦進：プロジェクト・マネジメント講習会テキスト（第37回）、（財）エンジニアリング振興協会（2005）

[12] プロジェクトマネジメント用語研究会：『エンジニアリング・プロジェクトマネジメント用語辞典』、重化学工業通信社（1986）

[13] PMI：PMBOK Guide PMI

[14] JPMF（日本プロジェクトマネジメントフォーラム）：『トコトンやさしいプロジェクトマネジメントの本』、日刊工業新聞社（2003）

[15] 野中郁次郎、紺野登：『知力経営』、日本経済新聞社（1995）

[16] 野中郁次郎：『知識創造の経営』、日本経済新聞社（1996）

[17] ピーター・チェックランド、ジム・スクールズ（著）、妹尾堅一郎（監訳）：『ソフト・システムズ方法論』、有斐閣（1994）

[18] 野中郁次郎、竹内弘高（著）、梅本勝博（訳）：『知識創造企業』、東洋経済新報社（1996）

[19] 是澤輝昭：『プロジェクトの進め方がよくわかる本』、実務教育出版社（1999）

[20] Peter Checkkand（著）、高原康彦、中野文平（監訳）：『新しいシステムアプローチ—システム思考とシステム実践—』、オーム社（1985）

[21] Jonathan Rosenhead（著）、木嶋恭一（監訳）：『ソフト戦略思考』、日刊工業新聞社（1992）

[22] 内山研一（著）：『現場の学としてのアクションリサーチ—ソフトシステム方法論の日本的再構築—』、白桃書房（2007）

# 索　引

## 【欧文】



## 【ア行】



## 【カ行】



## 【サ行】

**【タ行】**



**【ナ行】**



**【ハ行】**

## 【マ行】



## 【ラ行】

**【編者】**

特定非営利活動法人 日本プロジェクトマネジメント協会（PMAJ）

1998年から2001年に財団法人 エンジニアリング振興協会（現 一般財団法人エンジニアリング協会（ENAA））が、経済産業省の委託事業として我が国のPMスタンダードとなっている『P2Mプロジェクト＆プログラムマネジメント標準ガイドブック』を開発。当協会は国内外でP2Mの資格認定と普及活動、および産業発展のための活動を実施している。

**【監修者】**

神沼靖子（かみぬま やすこ）

1961年：東京理科大学理学部数学科卒業

現在：情報処理学会フェロー、元 前橋工科大学工学部教授、博士（学術）。

主著：『基礎情報システム論—情報空間とデザイン—』（共著、共立出版）、『情報システム演習Ⅱ』（共立出版）、『情報システム学へのいざない』（共著、培風館）、『情報システムの分析と設計—SSADMとその実践—』（共訳、培風館）

**【執筆者（50音順）】**

酒森 潔（さかもり きよし）

1976年：熊本大学卒業

現在：東京都立産業技術大学院大学名誉教授、技術士（情報工学）、PMP、IBMにおけるプロジェクトマネジメント実務30年を経て現在に至る。

主著：『デジタル用語辞典』（共著、日経BP社）、『高度情報処理技術者プロジェクトマネージャ基本テキスト』（共著、TAC）、『情報処理技術者用語辞典』（共著、日経BP社）

中村太一（なかむら たいち）

1974年：千葉大学大学院修士課程修了

現在：国立情報学研究所特任教授、工学博士。NTT電気通信研究所、（株）NTTデータ技術開発本部、東京工科大学コンピュータサイエンス学部教授を経て現在に至る。

主著：『コンピュータシステム入門』（共著、オーム社）

三浦 進（みうら すすむ）

1974年：青山学院大学大学院修士課程修了

現在：日本プロジェクトマネジメント協会グローバル化推進部担当、工学修士、東洋エンジニアリング（株）、国内外プロジェクト、渉外部非常勤嘱託 及び 大学等非常勤講師を担当し現在に至る。PMI会員、PMP

主著：『プロジェクトマネジメント 成功するための仕事術』（共著、日本能率協会マネジメントセンター）、『よりよくわかるプロジェクトマネジメント』（共著、オーム社）

宮本文宏（みやもと ふみひろ）

1989年：岡山大学卒業

現在：BIPROGY（株）［元日本ユニシス（株）］。流通・金融・建築の各分野のITスペシャリスト、システム構築のプロジェクトマネジャー（PM）としてシステム開発に従事したのち、人材育成部門でPM育成等の人材育成戦略立案から実施、働き方改革の企画や推進などに関わる。

資格：情報処理技術者試験プロジェクトマネージャ、PMS、PMR、MBAなど

## ◈読者の皆さまへ◈

平素より、小社の出版物をご愛読くださいまして、まことに有り難うございます。

（株）近代科学社は1959年の創立以来、微力ながら出版の立場から科学・工学の発展に寄与すべく尽力してきております。それも、ひとえに皆さまの温かいご支援があってのものと存じ、ここに衷心より御礼申し上げます。

なお、小社では、全出版物に対してHCD（人間中心設計）のコンセプトに基づき、そのユーザビリティを追求しております。本書を通じまして何かお気づきの事柄がございましたら、ぜひ以下の「お問合せ先」までご一報くださいますよう、お願いいたします。

お問合せ先：reader@kindaikagaku.co.jp

なお，本書の制作には，以下が各プロセスに関与いたしました：

・編集：石井沙知
・印刷：藤原印刷
・製本：藤原印刷
・資材管理：藤原印刷
・カバー・表紙デザイン：藤原印刷
・広報宣伝・営業：山口幸治，東條風太

プロジェクトの概念 第2版
プロジェクトマネジメントの知恵に学ぶ



2013年1月31日　初版第1刷発行
2018年7月31日　第2版第1刷発行
2022年8月31日　第2版第3刷発行

編　者　日本プロジェクトマネジメント協会
監修者　神　沼　靖　子
発行者　大　塚　浩　昭
発行所　株式会社 近　代　科　学　社

〒101-0051 東京都千代田区神田神保町 1-105
https://www.kindaikagaku.co.jp

藤原印刷　ISBN978-4-7649-0572-6
定価はカバーに表示してあります。